普通高等教育物联网工程专业系列教材

RFID 开发技术及实践

青岛英谷教育科技股份有限公司 编著

U0277827

西安电子科技大学出版社

内 容 简 介

本书以射频识别(RFID)为基础，AVR 单片机 ATmega16A 为控制器，"RFID 开发套件"为硬件开发平台，IAR-EW 为软件开发环境，讲解了 RFID 技术原理、RFID 协议体系、AVR 开发基础、各频段 RFID 的特点和阅读器设计方法，旨在让读者更清楚地了解 RFID 系统架构原理及 RFID 阅读器的设计和应用方法。

本书分为两篇：理论篇和实践篇。理论篇共 6 章，分别讲解了射频识别技术、RFID 协议体系、RFID 阅读器开发基础、低频 RFID 阅读器设计、高频 RFID 阅读器设计和超高频 RFID 阅读器应用。其中，第 1 章、第 2 章讲解 RFID 技术原理和协议体系；第 3 章讲解阅读器组成和 AVR 单片机开发基础；第 4 章~第 6 章讲解低频、高频和超高频 RFID 的不同特点以及阅读器的设计与应用方法。实践篇共 5 章，分别对应相应的理论篇，可与配套的实验设备相结合完成实践教学，利用"RFID 开发套件"基于 IAR-EW 开发平台的搭建以及各频段 RFID 的应用编程，结合"超高频 RFID 阅读器"完成超高频 RFID 阅读器二次开发的相关实验。

本书偏重 RFID 的应用，采用理论与实践相结合的方法，将 RFID 技术运用于实践中，更深层地剖析了 RFID 技术与各种相关技术的关系，为物联网的学习奠定了基础。本书适用面广，可作为本科物联网工程、通信工程、电子信息工程、自动化、计算机科学与技术和计算机网络等专业的教材。

图书在版编目(CIP)数据

RFID 开发技术及实践/青岛英谷教育科技股份有限公司编著.
—西安：西安电子科技大学出版社，2014.1(2022.6 重印)
ISBN 978–7–5606–3308–4

Ⅰ. ① R⋯　Ⅱ. ① 青⋯　Ⅲ. ① 无线电信号—射频—信号识别—高等学校—教材
Ⅳ. ① TN911.23

中国版本图书馆 CIP 数据核字(2014)第 001535 号

策　　划　毛红兵
责任编辑　毛红兵
出版发行　西安电子科技大学出版社(西安市太白南路 2 号)
电　　话　(029)88202421　88201467　　邮　　编　710071
网　　址　www.xduph.com　　　　　　　电子邮箱　xdupfxb001@163.com
经　　销　新华书店
印刷单位　咸阳华盛印务有限责任公司
版　　次　2014 年 1 月第 1 版　　2022 年 6 月第 5 次印刷
开　　本　787 毫米×1092 毫米　1/16　印　张　13
字　　数　301 千字
印　　数　10 001~12 000 册
定　　价　38.00 元
ISBN 978–7–5606–3308–4/TN
XDUP 3600001−5
如有印装问题可调换

普通高等教育物联网工程专业
系列教材编委会

前　　言

随着物联网产业的迅猛发展，企业对物联网工程应用型人才的需求越来越大。"全面贴近企业需求，无缝打造专业实用人才"是目前高校物联网专业教育的革新方向。

本系列教材是面向高等院校物联网专业方向的标准化教材，教材内容注重理论且突出实践，强调理论讲解和实践应用的结合，覆盖了物联网的感知识别、网络通信及应用支撑等物联网架构所包含的关键技术。教材研发充分结合物联网企业的用人需求，经过了广泛的调研和论证，并参照多所高校一线专家的意见，具有系统性、实用性等特点，旨在使读者在系统掌握物联网开发知识的同时，具备综合应用能力和解决问题的能力。

该系列教材具有如下几个特色。

1. 以培养应用型人才为目标

本系列教材以应用型物联网人才为培养目标，在原有体制教育的基础上对课程进行深层次改革，强化"应用型技术"动手能力，使读者在经过系统、完整的学习后能够达到如下要求：

- ■ 掌握物联网相关开发所需的理论和技术体系以及开发过程规范体系；
- ■ 能够熟练地进行设计和开发工作，并具备良好的自学能力；
- ■ 具备一定的项目经验，包括嵌入式系统设计、程序编写、文档编写、软硬件测试等内容；
- ■ 达到物联网企业的用人标准，实现学校学习与企业工作的无缝对接。

2. 以新颖的教材架构来引导学习

本系列教材分为四个层次：知识普及、基础理论、应用开发、综合拓展，这四个层面的知识讲解和能力训练分布于系列教材之间，同时又体现在单本教材之中。具体内容在组织上划分为理论篇和实践篇：理论篇涵盖知识普及、基础理论和应用开发；实践篇包括企业应用案例和综合知识拓展等。

- ■ **理论篇**：最小学习集。学习内容的选取遵循"二八原则"，即重点内容占企业中常用技术的20%，以"任务驱动"方式引导80%的知识点的学习，以章节为单位进行组织，章节的结构如下：
  - ✓ 本章目标：明确本章的学习重点和难点；
  - ✓ 学习导航：以流程图的形式指明本章在整本教材中的位置和学习顺序；
  - ✓ 任务描述：以"案例教学"驱动本章教学的任务，所选任务典型、实用；
  - ✓ 章节内容：通过小节迭代组成本章的学习内容，以任务描述贯穿始终。

■ **实践篇**：以任务驱动，多点连成一线。以接近工程实践的应用案例贯穿始终，力求使学生在动手实践的过程中，加深对课程内容的理解，培养学生独立分析和解决问题的能力，并配备相关知识的拓展讲解和拓展练习，拓宽学生的知识面。

本系列教材借鉴了软件开发中"低耦合、高内聚"的设计理念，组织架构上遵循软件开发中的 MVC 理念，即在保证最小教学集的前提下可根据自身的实际情况对整个课程体系进行横向或纵向裁剪。

3. 以完备的教辅体系和教学服务来保证教学

为充分体现"实境耦合"的教学模式，方便教学实施，保障教学质量和学习效果，本系列教材均配备可配套使用的实验设备和全套教辅产品，可供各院校选购：

■ **实验设备**：与培养模式、教材体系紧密结合。实验设备提供全套的电路原理图、实验例程源程序等。

■ **立体配套**：为适应教学模式和教学方法的改革，本系列教材提供完备的教辅产品，包括教学指导、实验指导、视频资料、电子课件、习题集、题库资源、项目案例等内容，并配以相应的网络教学资源。

■ **教学服务**：教学实施方面，提供全方位的解决方案(在线课堂解决方案、专业建设解决方案、实训体系解决方案、教师培训解决方案和就业指导解决方案等)，以适应物联网专业教学的特殊性。

本系列教材由青岛英谷教育科技股份有限公司编写，参与本书编写工作的有韩敬海、孙锡亮、李瑞改、李红霞、张玉星、刘晓红、卢玉强、袁文明等。参与本书编写工作的还有青岛农业大学、潍坊学院、曲阜师范大学、济宁学院、济宁医学院等高校的教师。本系列教材在编写期间还得到了各合作院校专家及一线教师的大力支持和协作。在本系列教材出版之际要特别感谢给予我们开发团队大力支持和帮助的领导及同事，感谢合作院校的师生给予我们的支持和鼓励，更要感谢开发团队每一位成员所付出的艰辛劳动。

由于水平有限，书中难免有不当之处，读者在阅读过程中如有发现，请通过公司网站(http://www.dong-he.cn)或我公司教材服务邮箱(dh_iTeacher@126.com)联系我们。

高校物联网专业项目组

2013 年 11 月

目　录

理　论　篇

实 践 篇

理论篇

第 1 章　射频识别技术

本章目标

◆ 了解射频识别技术的发展历史和特征。

◆ 了解 RFID 系统的组成结构。

◆ 掌握 RFID 编码与调制方法。

◆ 理解数据校验和防碰撞的意义。

◆ 理解 RFID 标准的意义和关系。

◆ 了解 RFID 与物联网的关系。

学习导航

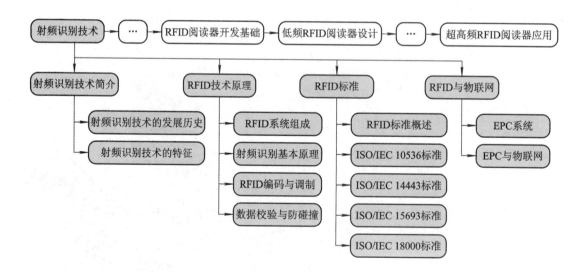

1.1　射频识别技术简介

　　射频识别(Radio Frequency Identification，RFID)技术是一种利用射频通信实现的非接触式自动识别技术。在 RFID 系统中，识别信息存放在电子数据载体中，电子数据载体称为应答器，应答器中存放的识别信息由阅读器读写。目前，射频识别技术最广泛的应用是各类 RFID 标签和卡的读写及管理。

本章将从射频识别技术的发展历史开始，详细讲解其技术原理、标准以及与物联网的关系等内容。

1.1.1　射频识别技术的发展历史

顾名思义，射频识别技术就是以射频为载体的一项识别技术。无线电的出现和发展是该技术能够实现的前提。限于技术等原因，早期的射频识别技术更多地应用在大型的、特定的行业和场合。

1. IFF 系统

射频识别技术最早的应用可追溯到第二次世界大战期间。当时为了避免误伤友机，开发出了飞机的敌我目标识别(Identification Friend or Foe，IFF)系统。IFF 的原理是利用射频电波携带一段加密的编码，当友机收到后，立刻利用加密机制解码并发回"我是朋友"的信息，而敌机则无法回应。目前，这种飞机身份无线识别系统依然应用在民用航空领域，也仍被称为 IFF。

2. AIS 系统

船舶自动识别(Auto Identification System，AIS)系统是射频识别技术在海事领域的大规模应用。该系统经 IFF 发展而来，由岸基(基站)设施和船载设施共同组成。船载设备配合全球定位系统(GPS)，可将船位、船速、改变航向率及航向等船舶动态资料结合船名、呼号、吃水及危险货物等船舶静态资料由甚高频(VHF)频道向附近水域及基站广播，使邻近船舶及基站能及时掌握附近海面所有船舶的动、静态资讯。如果发现周围海域船舶出现异常或有相撞危险，可以立刻互相通话协调，采取必要避让行动，这对船舶安全和管理有很大帮助。

3. 发展趋势

近年来，随着大规模集成电路、网络通信、信息安全等技术的发展，射频识别技术逐渐小型化、集成化，不再局限于特定行业的应用，而进入商业化应用阶段。如目前被广泛使用的公交卡、门禁卡和二代身份证等就是射频识别技术在日常生活中的应用。卡和标签类的应用逐渐被民众所熟悉和接受，以至于成为 RFID 的代名词。

在物联网兴起的背景下，射频识别技术由于具有高速移动物体识别、多目标识别和非接触识别等特点，显示出巨大的发展潜力与应用空间，被认为是 21 世纪最有发展前途的信息技术之一。

⚠ 注意：本书中所指射频识别技术并不涉及特殊领域的 IFF 或 AIS 系统，主要指民用范围内的各种阅读器和标签(卡类)应用。

1.1.2　射频识别技术的特征

射频识别技术作为一种特殊的识别技术，区别于传统的条形码、插入式 IC 卡和生物(如指纹)识别技术，具有下述特征：

◇ 是通过电磁耦合方式实现的非接触自动识别技术。
◇ 需要利用无线电频率资源，并且须遵守无线电频率使用的众多规范。

✧ 存放的识别信息是数字化的，可通过编码技术方便地实现多种应用。

✧ 可以方便地进行组合建网，以完成大规模的系统应用。

✧ 涉及计算机、无线数字通信、集成电路及电磁场等众多学科。

1.2 RFID技术原理

RFID技术涉及无线电的多个频段，性能特点不尽相同，所以具体的阅读器和应答器等形式也不相同。而实用的RFID系统更加复杂，涉及很多技术细节。其中，编码与调制、数据校验与防碰撞是几个关键技术。

1.2.1 RFID系统组成

RFID系统由阅读器、应答器和高层等部分组成，其结构如图1-1所示。

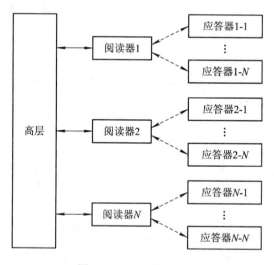

图1-1 RFID系统组成

最简单的应用系统只有一个阅读器，它一次对一个应答器进行操作，如公交车上的刷卡系统；较复杂的应用需要一个阅读器可同时对多个应答器进行操作，要具有防碰撞(也称防冲突)的能力；更复杂的应用系统要解决阅读器的高层处理问题，包括多阅读器的网络连接等。

1. 高层

对于由多阅读器构成的网络架构信息系统来说，高层是必不可少的。例如，采用RFID门票的世博会票务系统，需要在高层将多个阅读器获取的数据有效地整合起来，提供查询、历史档案等相关管理和服务。更进一步，通过对数据的加工、分析和挖掘，为正确决策提供依据，这就是常说的信息管理系统和决策系统。

2. 阅读器

阅读器在具体应用中常称为读写器(这两种称呼本书将不加区别)，是对应答器提供能量、进行读写操作的设备。虽然因频率范围、通信协议和数据传输方法的不同，各种阅读器在一些方面会有很大的差异，但通常具有一些相同的功能：

◇ 以射频方式向应答器传输能量。

◇ 读写应答器的相关数据。

◇ 完成对读取数据的信息处理，并实现应用操作。

◇ 若有需要，应能与高层处理交互信息。

通常，阅读器按照频率分为低频 RFID 阅读器、高频 RFID 阅读器和超高频 RFID 阅读器。本书配套的低频 RFID 阅读器如图 1-2 所示。

图 1-2 低频 RFID 阅读器

本书配套的高频 RFID 阅读器如图 1-3 所示。

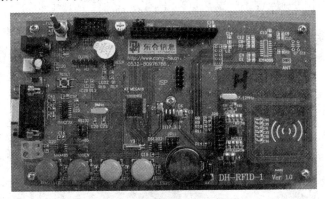

图 1-3 高频 RFID 阅读器

本书配套的超高频 RFID 阅读器如图 1-4 所示。

图 1-4 超高频 RFID 阅读器

3. 应答器

从技术角度来说，RFID 的核心在应答器，阅读器是根据应答器的性能而设计的。但是由于封装工艺等问题，应答器的设计和生产通常由专业的设计厂商和封装厂商来完成，普通用户没有能力也无法接触到这一领域。

目前，应答器趋向微型化和高集成度，关键技术在于材料、封装和生产工艺，重点突出应用而非设计。应答器按照电源形式可以分为如下两种类型：

✧ 有源应答器：使用电池或其他电源供电，不需要阅读器提供能量，通常靠阅读器唤醒，然后切换至自身提供能量。

✧ 无源应答器：没有电池供电，完全靠阅读器提供能量。

应答器按照工作频率范围可分为如下三种类型：

✧ 低频应答器：低于 135 kHz。

✧ 高频应答器：13.56 MHz ± 7 kHz。

✧ 超高频应答器：工作频率为 433 MHz、866～960 MHz、2.45 GHz 和 5.8 GHz(虽然属于 SHF，但由于性能的相似性，通常将其归为超高频应答器范围)。

应答器在某些应用场合也叫做射频卡、标签等，但从本质而言可统称为应答器。

1) 射频卡(RF Card)

通常，射频卡的外形尺寸与银行卡相同，尺寸符合 ID-1 型卡的规范，工作频率为 13.56 MHz 或低于 135 kHz，采用电感耦合方式实现能量和信息的传输。通常可应用于各种小额消费、身份认证和考勤登记等，卡片上也可以印刷各种不同的图案、文字或者商标、广告等。目前有些超高频标签也封装成射频卡的外形。各种射频卡的外观如图 1-5 所示。

图 1-5 射频卡外观

2) 标签(Tag)

应答器除了卡状外形还有其他很多形状，可用于动物识别、货物识别、集装箱识别等，在这些应用领域通常将应答器制作成标签，其中微型 RFID 标签如图 1-6 所示。

防水钱币型标签常用于恶劣环境下，可防水防尘，强度较高，其外观如图 1-7 所示。

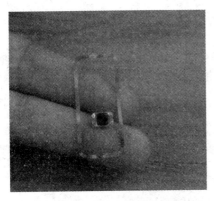

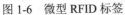

图 1-6　微型 RFID 标签　　　　　　图 1-7　防水钱币型 RFID 标签

有的标签很薄，并且贴有不干胶，适用于物流行业的货物跟踪，其外观如图 1-8 所示。

图 1-8　不干胶 RFID 标签

1.2.2　射频识别基本原理

在 RFID 系统中，射频识别部分主要由阅读器和应答器两部分组成。阅读器与应答器之间的通信采用无线射频方式进行耦合。在实践中，由于对距离、速率及应用的要求不同，需要的射频性能也不尽相同，所以射频识别涉及的无线电频率范围也很广。

1. 基本交互原理

射频识别过程在阅读器和应答器之间以无线射频的方式进行，其基本原理如图 1-9 所示。

图 1-9　RFID 基本原理

阅读器和应答器之间的交互主要靠能量、时序和数据三个方面来完成。

◇ 阅读器产生的射频载波为应答器提供工作所需要的能量。

◇ 阅读器与应答器之间的信息交互通常采用询问—应答的方式进行，所以必须有严格的时序关系，该时序也由阅读器提供。

◇ 阅读器与应答器之间可以实现双向数据交换，阅读器给应答器的命令和数据通常采用载波间隙、脉冲位置调制、编码解调等方法实现传送；应答器存储的数据信息采用对载波的负载调制方式向阅读器传送。

2. 工作频率

在无线电技术中，不同的频段有不同的特点和技术。实践中，不同频段的 RFID 实现技术差异很大。从此角度而言，RFID 技术的空中接口几乎覆盖了无线电技术的全频段。射频识别系统具体涉及频段如下：

◇ 低频(LF，频率范围为 30 kHz～300 kHz)：工作频段低于 135 kHz，常用 125 kHz。

◇ 高频(HF，频率范围为 3 MHz～30 MHz)：工作频率为 13.56 MHz ± 7 kHz。

◇ 特高频(UHF，频率范围为 300 MHz～3 GHz)：工作频率为 433 MHz、866 MHz～960 MHz 和 2.45 GHz。

◇ 超高频(SHF，频率范围为 3 GHz～30 GHz)：工作频率为 5.8 GHz 和 24 GHz，但目前 24 GHz 基本没有采用。

其中，后三个频段为工业科研医疗(Industrial Scientific Medical，ISM)频段，是为工业、科研和医疗应用而保留的频率范围，不同国家可能会有不同的规定。

> **注意：** 在 RFID 的术语中，一般称 LF 频段的 RFID 为低频 RFID，HF 频段的 RFID 为高频 RFID，UHF 和 SHF 频段的 RFID 统称为超高频 RFID。

3. 耦合方式

根据射频耦合方式的不同，RFID 可以分为电感耦合(磁耦合)和反向散射耦合(电磁场耦合)两大类。

1) 电感耦合

电感耦合也叫做磁耦合，是阅读器和应答器之间通过磁场(类似变压器)的耦合方式进行射频耦合，能量(电源)由阅读器通过载波提供。由于阅读器产生的磁场强度会受到电磁兼容性能的有关限制，因此一般工作距离都比较近。高频 RFID 和低频 RFID 主要采用电感耦合的方式，即频率为 13.56 MHz 和小于 135 kHz，工作距离一般在 1 m 以内，其电路结构如图 1-10 所示。

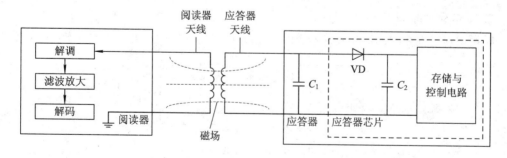

图 1-10　电感耦合的电路结构

电感耦合的 RFID 系统中，阅读器与应答器之间耦合的工作原理如下：

◇ 阅读器通过谐振在阅读器天线上产生一个磁场，在一定距离内，部分磁力线会穿过应答器天线，产生一个磁场耦合。

◇ 由于在电感耦合的 RFID 系统中所用的电磁波长(低频 135 kHz，波长为 2400 m；高频 13.56 MHz，波长为 22.1 m)比两个天线之间的距离大很多，所以两线圈间的电磁场可以当作简单的交变磁场。

◇ 穿过应答器天线的磁场通过感应会在应答器天线上产生一个电压，经过 VD 的整流和对 C_2 充电、稳压后，电量保存在 C_2 中，同时 C_2 上产生应答器工作所需要的电压。

阅读器天线和应答器天线也可以看做是一个变压器的初、次级线圈，只不过它们之间的耦合很弱。因为电感耦合系统的效率不高，所以这种方式主要适用于小电流电路。应答器的功耗大小对工作距离有很大影响。

在电感耦合方式下，应答器向阅读器的数据传输采用负载调制的方法，其原理如图 1-11 所示。

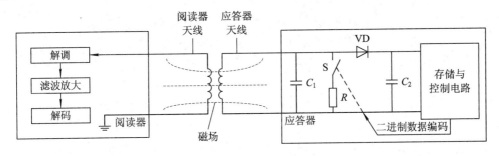

图 1-11　负载调制

图 1-11 所示为电阻负载调制，本质是一种振幅调制(也称为调幅 AM)，以调节接入电阻 R 的大小来改变调制度的大小。实践中，常通过接通或断开接入电阻 R 来实现二进制的振幅调制。其工作步骤如下：

(1) 如果在应答器中以二进制数据编码信号控制开关 S，则应答器线圈上的负载电阻 R 按二进制数据编码信号的高低电平变化来接通和断开。

(2) 负载的变化通过应答器天线到阅读器天线，进而产生相同规律变化的信号，即变压器次级线圈中的电流变化会影响到初级线圈中的电流变化。

(3) 在该变化反馈到阅读器天线(相当于变压器初级)后，通过解调、滤波放大电路恢复为应答器端控制开关的二进制数据编码信号。

(4) 经过解码后就可以获得存储在应答器中的数据信息，进而可以进行下一步处理。这样，二进制数据信息就从应答器传到了阅读器。

2) 反向散射耦合

反向散射耦合也称电磁场耦合，其理论和应用基础来自雷达技术。当电磁波遇到空间目标(物体)时，其能量的一部分被目标吸收，另一部分以不同的强度被散射到各个方向。在散射的能量中，一小部分反射回发射天线，并被该天线接收(发射天线也是接收天线)，然后对接收信号进行放大和处理，即可获取目标的有关信息。

一个目标反射电磁波的效率由反射横截面来衡量。反射横截面的大小与一系列参数有关，如目标大小、形状和材料、电磁波的波长和极化方向等。由于目标的反射性能通常随频率的升高而增强，所以反向散射耦合方式通常应用在超高频(包括 UHF 和 SHF)RFID 系统中，应答器和阅读器的距离大于 1 m。反向散射耦合的原理图如图 1-12 所示。

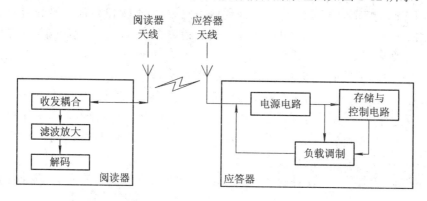

图 1-12　反向散射耦合原理图

在反向散射耦合的 RFID 系统中，阅读器与应答器之间耦合的工作原理如下：

◇　阅读器通过阅读器天线发射载波，其中一部分被应答器天线反射回阅读器天线。

◇　应答器天线的反射性能受连接到天线的负载变化影响，因此同样可以采用电阻负载调制的方法实现反射的调制。

◇　阅读器天线收到携带有调制信号的反射波后，经收发耦合、滤波放大，再经解码电路获得应答器发回的信息。

采用反向散射耦合方式的应答器按照能量的供给方式分为无源和有源两种。

◇　无源应答器的能量由阅读器通过天线提供。但是在 UHF 和 SHF 频率范围，有关电磁兼容的国际标准对阅读器所能发射的最大功率有严格的限制，因此在有些应用中，应答器完全采用无源方式会有一定困难。

◇　应答器上安装附加电池成为有源应答器。当应答器进入阅读器的作用范围时，应答器由获得的射频功率激活，进入工作状态。为防止不必要的电池消耗，应答器平时处于低功耗模式。

1.2.3　RFID 编码与调制

在 RFID 技术中，为使阅读器在读取数据时能很好地解决同步的问题，往往不直接使用数字量对射频进行调制，而是将数据编码变换后再对射频进行调制。

1. RFID 编码

在 RFID 的应用中，未经调制的信号通常采用单极性矩形脉冲，而常用的变换编码主要有曼彻斯特码、密勒码和修正密勒码等。

1) 单极性矩形脉冲(NRZ 码)

对于传输数字信号，最普遍而且最容易的方法是用两个不同的电压电平来表示二进制数字 1 和 0。单极性矩形脉冲就是用零电平和正(或负)电平来分别代表 0 和 1。以二进制数据 0101100100 为例，单极性矩形脉冲如图 1-13 所示。

这种波形在码元脉冲之间无空隙间隔，在全部码元时间内传送码脉冲的编码方式，称为不归零码(NRZ 码)。

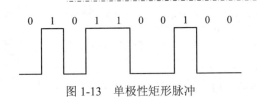

图 1-13　单极性矩形脉冲

2) 曼彻斯特码

在曼彻斯特码中，一个二进制数分两个位发送，1 码前半(50%)位为高，后半(50%)位为低；0 码前半(50%)位为低，后半(50%)位为高。NRZ 码与时钟进行异或运算便可得到曼彻斯特码。以二进制数据 0101100100 为例，其曼彻斯特码为 01 10 01 10 10 01 01 10 01 01，该曼彻斯特码波形如图 1-14 所示。

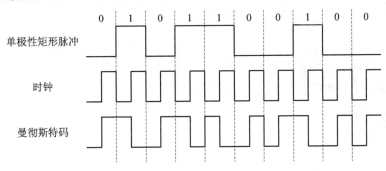

图 1-14　曼彻斯特码编码

3) 密勒码

密勒码的逻辑 0 的电平与前位有关，逻辑 1 虽然在位中间有跳变，但是上跳还是下跳取决于前位结束时的电平。编码规则如表 1-1 所示。

表 1-1　密勒码编码规则

bit(i-1)	bit i	编 码 规 则
x	1	bit i 的起始位置不跳变，中间位置跳变
0	0	bit i 的起始位置跳变，中间位置不跳变
1	0	bit i 的起始位置不跳变，中间位置不跳变

以二进制数据 0101100100 为例，密勒码为 01 00 01 10 00 11 10 00 11，其密勒码波形如图 1-15 所示。

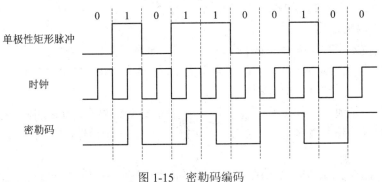

图 1-15　密勒码编码

4) 修正密勒码

修正密勒码是对密勒码的改进。在 RFID 的 ISO/IEC 14443 标准 TYPE A 中就是采用修正密勒码方式对载波进行调制的。

在 ISO/IEC 14443 标准 TYPE A 中有如下三种时序：

◇ 时序 X：在 $64/f_c$ 处，产生一个 Pause(凹槽)。

◇ 时序 Y：在整个位期间($128/f_c$)不发生调制。

◇ 时序 Z：在位期间开始产生一个 Pause。

在上述时序说明中，f_c 为载波频率，13.56 MHz；Pause 的脉冲底宽为 $0.5\sim3.0$ μs，90% 的幅度宽度不大于 4.5 μs。

ISO/IEC 14443 标准 TYPE A 中定义的修正密勒码的编码规则如下：

◇ 逻辑 1 为时序 X。

◇ 逻辑 0 为时序 Y。

◇ 通信开始用时序 Z 表示。

◇ 通信结束用逻辑 0 加时序 Y 表示。

◇ 无用信息至少用两个时序 Y 表示。

对于逻辑 0，有两种情况除外：

◇ 若相邻有两个或者更多 0，则从第二个 0 开始采用时序 Z。

◇ 直接与起始位相连的所有 0，用时序 Z 表示。

2. RFID 调制

脉冲调制是指将数据的 NRZ 码变换为更高频率的脉冲串，该脉冲串的脉冲波形参数受 NRZ 码的值 0 和 1 调制。RFID 系统中常用的调制方式有 FSK、PSK 和副载波调制等。

1) FSK(频移键控)

FSK 是指对已调脉冲波形的频率进行控制，以达到传输数据的目的，最常见的是用两个频率代表二进制 1 和 0 的双频 FSK 系统。FSK 调制方式用于频率低于 135 kHz(通常为 125 kHz) 的情况。

2) PSK(相移键控)

PSK 调制方式通常有两种：PSK1 和 PSK2。当采用 PSK1 调制时，若在数据位的起始处出现上升沿或者下降沿(即出现 1、0 或者 0、1 交替)，则相位将于位起始处跳变 180%；当采用 PSK2 调制时，在数据位为 1 时相位从位起始处跳变 180%，在数据为 0 时相位不变。PSK1 是一种绝对码方式，PSK2 是一种相对码方式。

3) 副载波调制

在无线电技术中，副载波得到了广泛的应用，如彩色模拟电视中的色副载波。在 RFID 系统中，副载波的调制方法主要应用在频率为 13.56 MHz 的高频 RFID 系统中，而且仅在从应答器向阅读器的数据传输过程中采用。

副载波频率是通过对载波的二进制分频产生的。对载波频率为 13.56 MHz 的 RFID 系统，使用的副载波频率大多为 847 kHz、424 kHz 或 212 kHz(对应 13.56 MHz 的 16、32 和 64 分频)。

在 13.56 MHz 的 RFID 系统中，应答器将需要传送的信息首先组成相应的帧，然后将帧的基带编码调制到副载波频率上，最后再进行载波调制，实现向阅读器的信息传输。

与直接用数据基带信号进行负载调制相比，采用副载波调制有如下优点：

◇　应答器是无源的，其能量由阅读器的载波提供。采用副载波调制信号进行负载调制时，调制管道每次导通的时间较短，对应答器电源影响也较小。

◇　调制管道的总导通时间减少，总功耗损耗下降。

◇　有用信息的频谱分布在副载波附近而不是载波附近，便于阅读器对传送数据信息的提取，但射频耦合回路应有较宽的频带。

1.2.4　数据校验与防碰撞

在 RFID 系统中，数据传输的完整性存在两个方面的问题：一是外界的各种干扰可能使数据传输产生错误；二是多个应答器同时占用信道使发送数据产生碰撞。运用数据校验(差错检测)和防碰撞算法可以分别解决这两个问题。

1. 数据校验

目前，在 RFID 中的差错检测主要采用奇偶校验码和 CRC 码。

1) 奇偶校验码

检验码中最简单的是奇偶校验码，它是在数据后面加上一个奇偶位(Parity Bit)的编码。奇偶校验的值是这样设定的：

◇　奇校验时，若字节的数据位中 1 的个数为奇数，则校验位的值为 0，反之为 1。

◇　偶校验时，若字节的数据位中 1 的个数为奇数，则校验位的值为 1，反之为 0。

即奇偶校验位值的选取原则是使码字内 1 的数目相应为奇数或者偶数。例如，当二进制数据 1011 0101 通过在末尾加奇偶校验位传送时，如果采用偶校验，则校验位为 1，数据为 1011 0101 1；如果采用奇校验，则数据为 1011 0101 0。

奇偶校验只能检测单比特的差错，如果同时有两位 1 变成了 0，则奇偶校验会失效。但是奇偶校验在字节的校验中，仍然有一定的作用。

2) CRC 码

CRC 码(循环冗余码)具有较强的纠错能力，且硬件实现简单，因而被广泛应用。CRC 码是基于多项式的编码技术。在多项式编码中，将信息位串看成是阶次从 X^{k-1} 到 X^0 的信息多项式 $M(X)$ 的系数序列，多项式 $M(X)$ 的阶次为 $k-1$。在计算 CRC 码时，发送方和接收方必须采用一个共同的生成多项式 $G(X)$，$G(X)$ 的阶次应低于 $M(X)$，且最高和最低阶的系数为 1。在此基础上，CRC 码的算法步骤如下：

(1) 将 k 位信息写成 $k-1$ 阶多项式 $M(X)$。

(2) 设生成的多项式 $G(X)$ 的阶为 r。

(3) 用模 2 除法计算 $X^r M(X)G(X)$，获得余数多项式 $R(X)$。

(4) 用模 2 减法求得传送多项式 $T(X)$，$T(X) = X^r M(X)-R(X)$，则 $T(X)$ 多项式系数序列的前 k 位为信息位，后 r 位为校验位，总位数 $n = k+r$。

例如，信息位串为 1111 0111，生成多项式 $G(X)$ 的系数序列为 1 0011，阶 r 为 4，进行模 2 除法后，得到余数多项式 $R(X)$ 的系数序列为 1111，所以传送多项式 $T(X)$ 的系数序列为 1111 0111 1111，前 8 位为信息位，后 4 位为监督校验位。计算过程如图 1-16 所示。

$M(X)$系数序列：1111 0111 $G(X)$系数序列：10011

附加4个0后形成的串：1111 0111 0000

```
                                        11100101
                          10011 |111101110000
          X^r M(X)/G(X)       XOR  10011
                                    11011
                              XOR  10011
                                    10001
                              XOR  10011
                                    10100
                              XOR  10011
                                    11100
                              XOR  10011
                      R(X)           1111   余数
```

$T(X)$系数序列：1111 0111 1111

图1-16　CRC码计算示例

因为 $T(X)$ 一定能被 $G(X)$ 模 2 整除，所以判断接收到的 $T(X)$ 能否被 $G(X)$ 整除，则可以知道在传输过程中是否出现错码。

CRC的优点是识别错误的可靠性较好，且只需要少量的操作就可以实现。16位的CRC码可适用于校验 4KB 长数据帧的数据完整性，而在 RFID 系统中，传输的数据帧明显比 4KB 短，因此，除了 16 位的 CRC 码外，还可以使用 12 位(甚至 5 位)的 CRC 码。

有三个生成多项式已成为国际标准，如下：

✧ CRC-12　　　$G(X) = X12 + X11 + X3 + X2 + X + 1$

✧ CRC-16　　　$G(X) = X16 + X15 + X2 + 1$

✧ CRC-CCITT　$G(X) = X16 + X12 + X5 + X2 + 1$

在 RFID 标准 ISO/IEC 14443 中，采用 CRC-CCITT 生成多项式。该标准中，TYPE A 采用 CRC-A，计算时循环移位寄存器的初始值为 6363H；TYPE B 采用 CRC-B，循环移位寄存器的初始值为 FFFFH。

2. 防碰撞

RFID 系统在工作时，可能会有一个以上的应答器同时处在阅读器的作用范围内。这样，如果有两个或两个以上的应答器同时发送数据，那么就会出现通信冲突，产生数据相互的干扰，即碰撞。此外，也可能出现多个应答器处在多个阅读器的工作范围内的情况，它们之间的数据通信也会引起数据干扰，不过一般很少考虑这种情况。

为了防止碰撞的产生，RFID 系统需要采取相应的技术措施来解决此类问题，这些措施称为防碰撞(冲突)协议。防碰撞协议可通过防碰撞算法和相关命令来实现。不同的防碰撞算法，对碰撞检测的要求不同。判断是否产生了数据信息的碰撞可以采用下述方法：

✧ 检测接收到的电信号参数是否发生了非正常变化。但是对于无线电射频环境来说，门限值较难设置。

✧ 通过差错检测方法检查有无错码。虽然应用奇偶校验和 CRC 码检查到的传输错误不一定是数据碰撞引起的，但是这种情况出现通常被认为是出现了碰撞。

✧ 利用某些编码的性能，检查是否出现了非正常码。如曼彻斯特码出现 11 码就说明产生了碰撞，并且可以知道碰撞发生在哪一位。

1.3　RFID 标准

RFID 标准有很多，分层次来看，主要有国际标准、国家标准和行业标准。

　　◇　国际标准是由国际标准化组织(ISO)和国际电工委员会(IEC)制定的。

　　◇　国家标准是各国根据自身国情制定的有关标准。我国国家标准制定的主管部门是工业和信息化部与国家标准化管理委员会，RFID 的国家标准正在制定中。

　　◇　行业标准的典型一例是由国际物品编码协会(EAN)和美国统一代码委员会(UCC)制定的 EPC 标准，主要应用于物品识别。

1.3.1　RFID 标准概述

ISO/IEC 制定的 RFID 标准可以分为技术标准、数据内容标准、性能标准和应用标准四类，如表 1-2 所示。

表 1-2　RFID 标准

分类	标准号	说　　明
技术标准	ISO/IEC 10536	密耦合非接触式 IC 卡标准
	ISO/IEC 14443	近耦合非接触式 IC 卡标准
	ISO/IEC 15693	疏耦合非接触式 IC 卡标准
	ISO/IEC 18000	基于货物管理的 RFID 空中接口参数
	ISO/IEC 18000-1	空中接口一般参数
	ISO/IEC 18000-2	低于 135 kHz 频率的空中接口参数
	ISO/IEC 18000-3	13.56 MHz 频率下的空中接口参数
	ISO/IEC 18000-4	2.45 GHz 频率下的空中接口参数
	ISO/IEC 18000-6	860～930 MHz 的空中接口参数
	ISO/IEC 18000-7	433MHz 频率下的空中接口参数
数据内容标准	ISO/IEC 15424	数据载体/特征识别符
	ISO/IEC 15418	EAN、UCC 应用标识符及 ASC MH10 数据标识符
	ISO/IEC 15434	大容量 ADC 媒体用的传送语法
	ISO/IEC 15459	物品管理的唯一识别号(UID)
	ISO/IEC 15961	数据协议：应用接口
	ISO/IEC 15962	数据编码规则和逻辑存储功能的协议
	ISO/IEC 15963	射频标签(应答器)的唯一标识
性能标准	ISO/IEC 18046	RFID 设备性能测试方法
	ISO/IEC 18047	有源和无源的 RFID 设备一致性测试方法
	ISO/IEC 10373-6	按 ISO/IEC 14443 标准对非接触式 IC 卡进行测试的方法
应用标准	ISO/IEC 10374	货运集装箱标识标准
	ISO/IEC 18185	货运集装箱密封标准
	ISO/IEC 11784	动物 RFID 的代码结构
	ISO/IEC 11785	动物 RFID 的技术准则
	ISO/IEC 14223	动物追踪的直接识别数据获取标准
	ISO/IEC 17363 和 17364	一系列物流容量(如货盘、货箱、纸盒等)的识别规范

RFID 的国际标准较多，其原因有如下几点：

◇ RDID 的工作频率分布在从低频至微波的多个频段中，频率不同，其技术差异很大。即使同一个频率，由于基带信号、调制方式的不同，也会形成不同的标准。

◇ 作用距离的差异需要不同的工作原理、电源供给方式和载波功率，这也会形成不同的标准。

◇ RFID 应用面很宽，不同的应用目的，其存储的数据代码、外形需求、频率选择等会有很大差异。

◇ 标准的多元化与标准之争也是国家、组织利益之争的必然反应。

1.3.2 ISO/IEC 10536 标准

ISO/IEC 10536 是密耦合非接触式 IC 卡标准，用于紧密耦合类型的 RFID 系统中。此标准虽然是一个国际标准，但实际上此技术并没有被应用，市场上也见不到相关产品。

1.3.3 ISO/IEC 14443 标准

ISO/IEC 14443 标准是近耦合非接触式 IC 卡(PICC)的国际标准，可用于身份证和各种智能卡、存储卡。ISO/IEC 14443 标准由四部分组成，即 ISO/IEC 14443-1/2/3/4。该标准中规定射频频率为 13.56 MHz。

ISO/IEC 14443 标准目前应用比较广泛，采用此协议 TYPE A 标准的标签有飞利浦公司的 Mifare 卡系列以及兼容的复旦卡系列；采用 TYPE B 标准的应用有我国的第二代身份证。

1.3.4 ISO/IEC 15693 标准

ISO/IEC 15693 是疏耦合射频卡(VICC)的国际标准，该标准由物理特性、空中接口与初始化、防碰撞和传输协议、命令扩展和安全特性四个部分组成。该协议规定阅读器(VCD)产生 13.56 MHz ± 7 kHz 的正弦波，VICC 通过电感耦合方式获得能量，VCD 产生的交变磁场强度 H 应满足 150 Ma/m ≤ H ≤ 5 A/m，读写距离最远 2 m。

与 ISO/IEC 14443 相比，ISO/IEC 15693 虽然也工作在 13.56 MHz 频段，但是其空中接口以及一些传输协议并不相同，最重要的区别是，ISO/IEC 15693 支持中远距离(小于 2 m)的标签读写，而 ISO/IEC 14443 侧重于近距离(小于 10 cm)的标签读写。目前，ISO/IEC 15693 已发展为 ISO/IEC 18000-3 标准。

1.3.5 ISO/IEC 18000 标准

2005 年，中国国家标准化管理委员会下发文件，正式批准将 ISO/IEC 18000 标准列为 2005 年国家标准制订计划，并由中国物品编码中心和信息产业部电子工业标准化研究所作为两个起草单位，共同负责完成 ISO/IEC 18000 转换为国家标准的工作。

ISO/IEC 18000 共分 1～7(缺 5)六个部分，其中，标准 1～6 是基于单品的射频识别，标准 7 是超高频有源射频识别，其各部分的协议内容如下。

1. ISO/IEC 18000-1

该部分规定了参考结构和标准化的参数定义，规范了空中接口通信协议中共同遵守的读写器与标签的通信参数表、知识产权基本规则等内容。这样，每一个频段对应的标准不需要对相同内容进行重复规定。

2. ISO/IEC 18000-2

该部分适用于中频 125～134 kHz，规定了在标签和读写器之间通信的物理接口，读写器应具有与 Type A(FDX)和 Type B(HDX)标签通信的能力；也规定了协议和指令以及多标签通信的防碰撞方法。

3. ISO/IEC 18000-3

该部分适用于高频段 13.56 MHz，规定了读写器与标签之间的物理接口、协议和命令以及防碰撞方法。关于防碰撞协议可以分为两种模式，而模式 1 又分为基本型与两种扩展型协议(无时隙无终止多应答器协议和时隙终止自适应轮询多应答器读取协议)；模式 2 采用时频复用 FTDMA 协议，共有 8 个信道，适用于标签数量较多的情形。

4. ISO/IEC 18000-4

该部分适用于微波段 2.45 GHz，规定了读写器与标签之间的物理接口、协议和命令以及防碰撞方法。该标准包括两种模式，模式 1 是无源标签，工作方式是读写器先讲；模式 2 是有源标签，工作方式是标签先讲。

5. ISO/IEC 18000-6

该部分适用于超高频段 860～960 MHz，规定了读写器与标签之间的物理接口、协议和命令以及防碰撞方法。它包含 TYPE A、TYPE B 和 TYPE C 三种无源标签的接口协议，通信距离最远可以达到 10 m。

6. ISO/IEC 18000-7

该部分适用于超高频段 433.92 MHz，属于有源电子标签，规定了读写器与标签之间的物理接口、协议和命令以及防碰撞方法。有源标签识读范围大，适用于大型固定资产的跟踪。

1.4　RFID 与物联网

物体的标签化是物联网的重要概念和基础知识，也是关键技术之一。20 世纪 70 年代，商品条形码的出现引发了商业的第一次革命。当今，基于 RFID 技术的电子商品编码(Electronic Product Code，EPC)新技术给商品的识别、存储、流动和销售各个环节带来了巨大的变革，也使物体联网产生成为可能。

1.4.1　EPC 系统

为推动 RFID 技术应用的发展，1999 年美国麻省理工学院成立了 Auto-ID 中心，进行 RFID 技术的研发，通过创建 RFID 并利用网络技术形成 EPC 系统，为建设全球物联网而努力。EPC 统一了全球对物品的编码方法，可以编码至单个物品。EPC 规定了将此编码以数字信息的形式存储并附着在商品上的应答器(在 EPC 中常称为标签)中。阅读器通过无线空中接口读取标签中的 EPC 码，并经过计算机网络传送至信息控制中心，进行相应的数据处理、存储、显示和交互。

1.4.2 EPC 与物联网

EPC 系统是在计算机因特网的基础上，利用 RFID、EPC 编码和数据通信等技术，构造一个覆盖全球万事万物的物联网(Internet of Things)。

EPC 系统由应答器、阅读器、中间件服务器、对象名称解析服务器和 EPC 信息服务器以及与它们之间的网络组成，如图 1-17 所示。

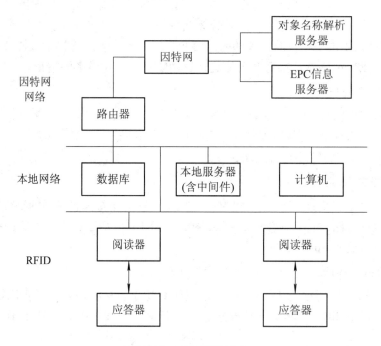

图 1-17　EPC 系统组成

EPC 系统各主要组成部分如下：

◇ 应答器装载有 EPC 编码，作为标签附着在物品上。

◇ 阅读器用于读写 EPC 标签，并能连接到本地网络中。

◇ 中间件是连接阅读器和服务器的软件，是物联网中的核心技术。

◇ 对象名称解析服务器的作用类似于因特网中的域名解析服务，它给中间件指明了存储产品有关信息的服务器，即 EPC 信息服务器。

EPC 系统有如下特点：

◇ 采用 EPC 编码方法，可以识别至单个物品。

◇ EPC 系统具有开放的体系结构，可以将企业的内联网、RFID 和因特网有机地结合起来，既避免了系统的复杂性，又提高了资源的利用率。

◇ EPC 系统是一个着眼于全球的系统，规范和标准众多，目前还不统一。

◇ EPC 是一个大系统，需要较多的成本投入，对于低价值的识别对象，必须考虑引入成本。但随着 EPC 系统技术的进步和价格的降低，低价值识别对象进入系统将成为现实。

小　结

通过本章的学习，读者应该能够掌握：

◆　射频识别(RFID)技术是一种利用射频通信实现的非接触式自动识别技术。

◆　射频识别采用阅读器与应答器之间的射频耦合来完成，频率范围很广。

◆　根据射频耦合方式的不同，可以分为电感耦合(磁耦合)和反向散射耦合(电磁场耦合)两大类。

◆　RFID 系统由阅读器、应答器和高层等部分组成。

◆　在 RFID 中，为使阅读器在读取数据时能很好地解决同步的问题，往往不直接使用数字量对射频进行调制，而是将数据编码变换后再对射频进行调制。

◆　RFID 标准有很多，分层次来看，主要有 ISO/IEC 制定的国际标准、国家标准和行业标准。

◆　EPC 系统是在计算机因特网的基础上，利用 RFID、EPC 编码和数据通信等技术，构造一个覆盖全球万事万物的物联网。

 习　题

1．以下不是 RFID 系统组成部分的是_____。

A．阅读器　　　　　　B．高层　　　　　　C．PC　　　　　　D．应答器

2．在曼彻斯特码中，一个二进制数分_____个位发送。

A．1　　　　　　　　B．2　　　　　　　　C．3　　　　　　　D．4

3．RFID 标准有很多，分层次来看大致可分为三种类型，它们分别是_____、_____和_____。

4．根据射频耦合方式的不同，RFID 可以分为_____和_____两大类。

5．简述射频识别技术的发展历史。

6．简述 RFID 系统组成部分，以及各个部分所代表的意义。

7．简述 RFID 常用的三个频段及其特点。

8．简述 RFID 与物联网的关系。

第2章 RFID协议体系

本章目标

◆ 理解 ISO/IEC 14443 中不同部分的意义。

◆ 掌握 ISO/IEC 14443 TYPE A 的防碰撞流程。

◆ 掌握 ISO/IEC 14443 TYPE A 的传输协议。

◆ 掌握 EPC C1 G2 与 ISO/IEC 18000-6 标准的关系。

◆ 理解 ISO/IEC 18000-6 标准的接口参数。

◆ 掌握 ISO/IEC 18000-6 标准中标签的存储器结构。

学习导航

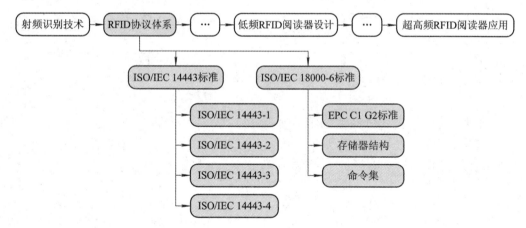

任务描述

▷【描述 2.D.1】
用流程图描述 TYPE A 型 PICC 的状态及转换。

▷【描述 2.D.2】
用流程图描述 PCD 初始化和防碰撞流程。

▷【描述 2.D.3】
用流程图描述 TYPE A 型 PICC 激活的协议操作过程。

2.1　ISO/IEC 14443 标准

ISO/IEC 14443 标准是近耦合非接触式 IC 卡的国际标准,可用于身份证和各种智能卡、存储卡。ISO/IEC 14443 标准由四部分组成,即 ISO/IEC 14443-1/2/3/4。在 ISO/IEC 14443 标准中,阅读器称为 PCD(Proximity Coupling Device,近耦合设备),应答器称为 PICC(Proximity IC Card,近耦合 IC 卡)。

本书配套的高频 RFID 阅读器,即是符合 ISO/IEC 14443 TYPEA 协议的 PCD 设备。

2.1.1　ISO/IEC 14443-1

ISO/IEC 14443-1 部分是 ISO/IEC 14443 的物理特性。协议中对近耦合卡做了相关规定,具体内容如下:

◇ PICC 的机械性能。

◇ PICC 尺寸应满足 ISO 7810 中的规范,即 85.72 mm×54.03 mm×0.76 mm。

◇ 对 PICC 进行弯曲和扭曲实验及紫外线、X 射线和电磁射线的辐射实验的附加说明。

2.1.2　ISO/IEC 14443-2

ISO/IEC 14443-2 部分主要规定了 ISO/IEC 14443 的射频能量和信号接口。

1. 射频能量

阅读器(PCD)产生耦合到应答器(PICC)的射频电磁场,用以传送能量。PICC 通过耦合获取能量,并转换成芯片工作直流电压。PCD 和 PICC 间通过调制与解调实现通信。

射频频率为 13.56 MHz,阅读器产生的磁场强度为 $1.5\ \text{A/m} \leqslant H \leqslant 7.5\ \text{A/m}$(有效值)。若 PICC 的动作场强为 1.5 A/m,那么 PICC 在距离 PCD 为 10 cm 时能正常不间断地工作。

2. 信号接口

◇ 信号接口也称为空中接口。协议规定了两种信号接口:TYPE A 和 TYPE B。我国第二代身份证就是采用 TYPE B 型的应答器,但是 TYPE B 更多应用在特殊场合,通常需加密。相对而言,TYPE A 型应用更加广泛和简单。因此,本书仅详细介绍 TYPE A 型协议的相关内容,而对 TYPE B 型只作简要介绍。PICC 仅需采用两者之一的方式,但 PCD 最好对两者都能支持并可任意选择其中之一来适配 PICC。

1) TYPE A 型

◇ PCD 向 PICC 通信:载波频率为 13.56 MHz,数据传输速率为 106 kb/s,采用修正密勒码的 100%ASK 调制。为保证对 PICC 的不间断能量供给,载波间隙的时间约为 2～3 μs。

◇ PICC 向 PCD 通信:以负载调制方式实现,用数据曼彻斯特码的副载波调制(ASK)信号进行负载调制。副载波频率为载波频率的 16 分频,即 847 kHz。

2) TYPE B 型

◇ PCD 向 PICC 通信:数据传输速率为 106 kb/s,用数据的 NRZ 码对载波进行 ASK 调制,调制幅度为 10%(8%～14%)逻辑 1 时,载波高幅度(无调制);逻辑 0 时,载波低幅度。

◇ PICC 向 PCD 通信:数据传输速率为 106 kb/s,用数据的 NRZ 码对副载波(847 kHz)

进行 BPSK(二进制相移键控)调制，然后再用副载波调制信号进行负载调制实现通信。

2.1.3　ISO/IEC 14443-3

ISO/IEC 14443-3 标准中提供了 TYPE A 和 TYPE B 两种不同的防碰撞协议。TYPE A 采用位检测防碰撞协议，TYPE B 通过一组命令来管理防碰撞过程，防碰撞方案为时隙基础。限于实用角度和篇幅原因，本节只介绍 TYPE A 的防碰撞协议。

1. 帧结构

TYPE A 的帧有三种类型：短帧、标准帧和面向比特的防碰撞帧。

1) 短帧

短帧的结构由起始位 S、7 位数据位 b1~b7 和通信结束位 E 构成，其帧结构如图 2-1 所示。

2) 标准帧

标准帧由起始位 S、n 个数据字节以及结束位 E 构成，每一个数据字节后面有一个奇校验位 P，其帧结构如图 2-2 所示。

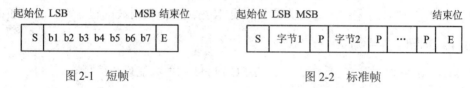

图 2-1　短帧　　　　　　　　　　图 2-2　标准帧

3) 面向比特的防碰撞帧

该帧仅用于防碰撞循环，它是由 7 个数据字节组成的标准帧。在防碰撞过程中，它被分裂为两部分：第一部分从 PCD 发送到 PICC；第二部分从 PICC 发送到 PCD。第一部分数据的最大长度为 55 位，最小长度为 16 位，第一部分和第二部分的总长度为 56 位。这两部分的分裂有两种情况：

◇ 第一种情况是在完整的字节之后分开，并在完整字节后加检验位。

◇ 第二种情况是在字节当中分开，在第一部分分开的位后不加校验位；对于分裂的字节，PCD 对第二部分的第一个校验位不予检查。

2. PICC 的状态

在 ISO/IEC 14443-3 标准中 PICC 有不同的状态，各状态之间又会受到不同操作或者数据的影响而进行互相转换。下述内容用于实现任务描述 2.D.1，即用流程图描述 TYPE A 型 PICC 的状态及转换，如图 2-3 所示。

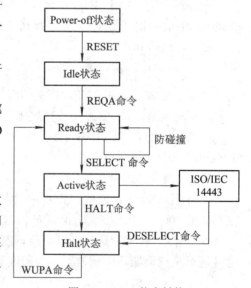

图 2-3　PICC 状态转换

TYPE A 型 PICC 的状态转换说明如下：

◇ Power-off(断电)状态。任何情况下，PICC 离开 PCD 有效作用范围即进入 Power-off 状态。

◇ Idle(休闲)状态。 此时 PICC 加电，能对已调制信号进行解调，并可识别来自 PCD 的 REQA 命令。

◇ Ready(就绪)状态。在 REQA 或 WUPA 命令作用下 PICC 进入 Ready 状态，此时进入防碰撞流程。

◇ Active(激活)状态。在 SELECT 命令作用下 PICC 进入 Active 状态，完成本次应用应进行的操作。

◇ Halt(停止)状态。当在 HALT 命令或在支持 ISO/IEC 14443-4 标准的通信协议时，在高层命令 DESELECT 作用下 PICC 进入此状态。在 Halt 状态，PICC 接收到 WUPA(唤醒)命令后返回 Ready 状态。

3. 防碰撞流程

在 ISO/IEC 14443-3 标准中，TYPE A 采用位检测防碰撞协议来检测碰撞情况，需要有一系列的流程和相关命令。下述内容用于实现任务描述 2.D.2，即用流程图描述 PCD 初始化和防碰撞流程，如图 2-4 所示。

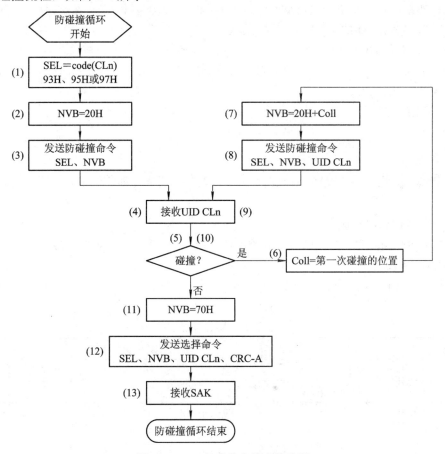

图 2-4　PCD 初始化和防碰撞流程

防碰撞步骤如下(注意，在图 2-4 中仅给出了步骤(1)～(13))：

(1) PCD 选定防碰撞命令 SEL 的代码为 93H、95H 或 97H，分别对应于 UID CL1、UID CL2 或 UID CL3，即确定 UID CLn 的 n 值。

(2) PCD 指定 NVB=20H，表示 PCD 不发出 UID CLN 的任一部分，而迫使所有在场的 PICC 发回完整的 UID CLn 作为应答。

(3) PCD 发送 SEL 和 NVB。

(4) 所有在场的 PICC 发回完整的 UID CLn 作为应答。

(5) 如果多于一个 PICC 发回应答，则说明发生了碰撞；如果不发生碰撞，则可跳过步骤(6)~(10)。

(6) PCD 应认出发生第一个碰撞的位置。

(7) PCD 指示 NVB 值以说明 UID CLn 的有效位数目，这些有效位是接收到的 UID CLn 发生碰撞之前的部分，后面再由 PCD 决定加一位 0 或 1，一般加 1。

(8) PCD 发送 SEL、NVB 和 UID CLn。

(9) 只有 PICC 的 UID CLn 部分与 PCD 发送的有效数据位内容相等时，才发送出 UID CLn 的其余位。

(10) 如果还有碰撞发生，则重复步骤(6)~(9)，最大循环次数为 32。

(11) 如果没有在发生碰撞，则 PCD 指定 NVB=70H，表示 PCD 将发送完整的 UID CLn。

(12) PCD 发送 SEL 和 NVB，接着发送 40 位 UID CLn，后面是 CRC-A 校验码。

(13) 与 40 位 UID CLn 匹配的 PICC 以 SAK 作为应答。

(14) 如果 UID 是完整的，则 PICC 将发送带有 Cascade 位为 0 的 SAK，同时从 Ready 状态转换到 Active 状态。

(15) 如果 PCD 检查到 Cascade 位为 1 的 SAK，则将 CLn 的 n 值加 1，并再次进入防碰撞循环。

4. 命令集

在 PICC 的状态转换及防碰撞过程中，定义了很多相关命令和相关数据，其具体定义如下：

(1) REQA/WUPA 命令。

这两个命令为短帧。REQA 命令的编码为 26H，WUPA 命令的编码为 52H。

(2) ATQA 应答。

PCD 发出 REQA 命令后，处于休闲(Idle)状态的 PICC 都应同步地以 ATQA 应答 PCD，PCD 检测是否有碰撞。ATQA 的编码结构如表 2-1 所示。

表 2-1　ATQA 结构

位	定　义	说　明
b16~b13	RFU(保留)	保留，为 0
b12~b9	经营者编码	无
b8~ b7	UID 大小	00 时 UID 级长为 1(CL1)
		01 时 UID 级长为 2(CL2)
		10 时 UID 级长为 3(CL3)
		11 时备用
b6	RFU	保留，为 0
b5~b1	比特帧防碰撞方式	无

(3) ANTICOLLISION 和 SELECT 命令。

PCD 接收 ATQA 应答,PCD 和 PICC 进入防碰撞循环。ANTICOLLISION 和 SELECT 命令格式如表 2-2 所示。

表 2-2 ANTICOLLISION 和 SELECT 命令格式

组成域	字节数	说 明
SEL	1 字节	93H 为选择 UID CL1 95H 为选择 UID CL2 97H 为选择 UID CL3
NVB	1 字节	字节数编码
UID CLn	0~4 字节	n 为 1、2、3
BCC	1 字节	UID CLn 的检验字节,是 UID CLn 的 4 个字节的异或

在 NVB 字节中,高 4 位为字节数编码,是 PCD 发送的字节数,包括 SEL 和 NVB,因此字节数最小为 2,最大为 7,编码范围 0010~0111;低 4 位表示命令的非完整字节最后一位的位数,编码 0000~0111 对应的位数为 0~7 位,位数为 0 表示没有非完整字节。

SEL 和 NVB 的值指定了在防碰撞循环中分裂的位。

◇ 若 NVB 指示其后有 40 个有效位(NVB=70H),则应添加 CRC-A(2 字节)。该命令为 SELECT 命令,是标准帧。

◇ 若 NVB 指定其后有效位小于 40,则为 ANTICOLLISION 命令。ANTICOLLISION 命令是比特防碰撞帧。

UID CLn 为 UID 的一部分,n 为 1、2、3。ATQA 的 b8、b7 表示 UID 的大小,UID 由 4、7 或 10 个字节组成。UID CLn 域为 4 字节,其结构如表 2-3 所示。表中 CT 为级联标志,编码为 88H。

表 2-3 UID CLn 结构

UID 大小:1	UID 大小:2	UID 大小:3	UID CLn
UID0	CT	CT	
UID1	UID0	UID0	
UID2	UID1	UID1	UID CL1
UID3	UID2	UID2	
BCC	BCC	BCC	
	UID3	CT	
	UID4	UID3	
	UID5	UID4	UID CL2
	UID6	UID5	
	BCC	BCC	
		UID6	
		UID7	
		UID8	UID CL3
		UID9	
		BCC	

UID 可以是一个固定的唯一序列号, 也可以是由 PICC 动态产生的随机数。当 UID CLn 为 UID CL1 时, 编码如表 2-4 所示。

表 2-4　UID CL1 编码

UID	UID0	UID1~3
说明	08H	PICC 动态产生的随机数
	X0~X7H(X 为 0~f)	固定的唯一序列号

UID CLn 为 UID CL2 或 UID CL3 时, 编码如表 2-5 所示。

表 2-5　UID CL2 编码

UID	UID0	UID1~UID6(或 UID9)
说明	ISO/IEC 7816 标准定义的制造商标识	制造商定义的唯一序列号

(4) SAK 应答。

PCD 发送 SELECT 命令后, 与 40 位 UID CLn 匹配的 PICC 以 SAK 作为应答。SAK 为 1 字节, 它的结构和编码如表 2-6 所示。

表 2-6　SAK 结构

字节名称	SAK	CRC-A
内容	b1 b2 b3 b4 b5 b6 b7 b8	2 字节, 以标准帧的形式传送

b3 为 Cascade 位。

✧ b3=1 表示 UID 不完整, 还有未被确认部分;

✧ b3=0 表示 UID 已完整。

   ● b6=1 表示 PICC 遵守 ISO/IEC 14443-4 标准的传输协议。

   ● b6=0 表示传输协议不遵守 ISO/IEC 14443-4 标准。

SAK 的其他位为 RFU, 置 0。

(5) HALT 命令。

HALT 命令为在 2 字节(0050H)的命令码后跟 CRC-A(2 字节)一共 4 字节的标准帧。

2.1.4　ISO/IEC 14443-4

ISO/IEC 14443-4 是用于非接触环境的半双工分组传输协议, 定义了 PICC 的激活过程和解除激活的方法。下述内容用于实现任务描述 2.D.3, 即用流程图描述 TYPE A 型 PICC 激活的协议操作过程, 如图 2-5 所示。

当系统完成了 ISO/IEC 14443-3 中定义的请求、防碰撞和选择并由 PICC 发回 SAK 后, PCD 必须检查 SAK 字节, 以核实 PICC 是否支持对 ATS(Answer to Select)的使用。

✧ 若 SAK 说明不支持 ISO/IEC 14443-4 协议, 则 PCD 应发送 HALT 命令使 PICC 进入 Halt 状态。

✧ 若 SAK 字节说明支持 ISO/IEC 14443-4 协议, 表明可以回应 ATS, 那么 PCD 发出 RATS(请求 ATS)命令, PICC 接收到 RATS 后以 ATS 回应。若 PICC 在 ATS 中表明支持 PPS(Protocol and Parameter Selection)并且参数可变, 则 PCD 发送 PPS 请求命令, PICC 以 PPS 应答。PICC 不需要一定支持 PPS。

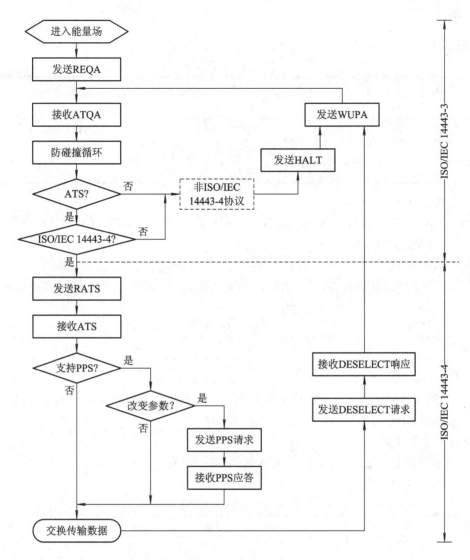

图 2-5　TYPE A 型 PICC 激活

下述内容为 ISO/IEC 14443-4 协议命令的详细解释。

1. RATS(请求 ATS)

RATS 命令的格式如表 2-7 所示。

表 2-7　RATS 命令

RATS 组成字节	第一字节	第二字节		第三、四字节
编码及含义	E0H	FSDI	CID	CRC

上表中，第一个字节是指命令开始，编码为 E0H。第二个字节是参数字节：高 4 位为 FSDI，用于编码 PCD 可接收的 FSD(最大的帧长)，FSDI 编码值为 0~Fh 时，对应的 FSD 为 16，24，32，…，256，>256(备用)字节；低 4 位为编码 CID(卡标识符)，定义了对 PICC 寻址的逻辑号，编码值为 0~14，值 15 为备用(Reserved for Future，RFU)。

2. ATS

ATS 的结果如表 2-8 所示。

表 2-8　ATS

名称	长度字节	格式字节	接　口　字　节			历史字符		CRC	
内容	TL	T0	TA(1)	TB(1)	TC(1)	T1	Tk	CRC-1	CRC-2
含义			编码 Ds 和 Dr	编码 FWI 和 SFGI	编码协议选项				

1) 长度字节 TL

长度字节 TL 用于给出 ATS 响应的长度,包括 TL 字节,但不包含两个 CRC 字节。ATS 的最大长度不能超出 FSD 的大小。

2) 格式字节 T0

格式字节 T0 是可选的,只要它出现,长度字节 TL 的值就大于 1。T0 的组成如表 2-9 所示。

表 2-9　T0 组成

b8	b7	b6	b5	b4	b3	b2	b1
0, 1 为 RFU	b7=1, 传送 TC(1)	b6=1, 传送 TB(1)	b5=1, 传送 TA(1)	FSCI			

FSCI 用于编码 FSC,FSC 为 PICC 可接收的最大帧长,FSCI 编码和 FSDI 编码定义的最大帧长(字节)相同。FSCI 的默认值为 2H(FSC=32 字节)。

3) 接口字节 TA(1)

TA(1)用于决定参数因子 D,确定 PCD 至 PICC 和 PICC 至 PCD 的数据传输速率。TA(1)编码的结构如表 2-10 所示。

表 2-10　TA(1)结构

b8		b7		b6		b5		b4		b3		b2		b1	
0	Ds≠Dr	0	默认	0	默认	0	默认	0	默认	0	默认	0	默认	0	默认
1	Ds=Dr	1	Ds=8	1	Ds=4	1	Ds=2	1	RFU	1	Dr=8	1	Dr=4	1	Dr=2

D = 2 时比特率为 212 kb/s,其余 D 值对应的比特率可类推。上表中 Dr(称为接收因子)表示 PCD 向 PICC 通信时 PICC 的数据传输速率能力;Ds(称为发送因子)表示 PICC 向 PCD 通信时 PICC 的数据传输速率能力。

4) 接口字节 TB(1)

TB(1)由两部分组成,分别定义了帧等待时间和启动帧的保护时间。高半字节为 FWI,用于编码帧等待时间 FWT。FWT 定义为 PCD 发送的帧和 PICC 发送的应答帧之间的最大延迟时间,表示为

$$FWT=(256 \times 16/f_c) \times 2^{FWI}$$

其中,f_c 为载波频率;FWI 值的范围为 0～14, 15 为 RFU。当 FWI = 0 时,FWT = FWTmin = 302 μs;当 FWI = 14 时,FWT = FWTmax = 4949 ms。如果 TB(1)是默认的,则 FWI 的默认值为 4,相应的 FWT 为 4.8 ms。

PCD 可用 FWT 值来检测协议错误或未应答的 PICC。若在 FWT 时间内,PCD 未从 PICC 接收到响应,则可重发帧。

TB(1)的低半字节为 SFGI,用于编码 SFGT(启动帧保护时间),这是 PICC 在它发送 ATS 以后,到准备接收下一帧之前所需要的特殊保护时间。SFGI 编码值为 0~14,15 为 RFU。SFGI 值为 0 表示不需要 SFGT,SFGI=1~14 对应的 SFGT 计算式为

$$SFGT=(256 \times 16/f_c) \times 2SFGI$$

其中,f_c 为载波频率,SFGI 的默认值为 0。

5) 接口字节 TC(1)

TC(1)描述协议参数,它由两部分组成。第一部分从 b8 至 b3,置为 0,其他值作为 RFU。第二部分的 b2 和 b1 用于编码 PICC 对 CID(卡标识符)和 NAD(节点地址)的支持情况,b2 位为 1 时支持 CID;b1 位为 1 时支持 NAD;b2b1 位默认值为(10)b,表示支持 CID 而不支持 NAD。

6) 历史字符

历史字符 T1 至 Tk 是可选项,它的大小取决于 ATS 的最大长度。

3. PPS(协议和参数选择)请求

PPS 请求的结构如表 2-11 所示。

表 2-11　PPS 请求的结构

起始字节	参数 0	参数 1	CRC	
PPSS	PPS0	PPS1	CRC-1	CRC-2

它由一个起始字节后跟两个参数字节加上两字节 CRC 组成。

◇ 起始字节 PPSS。PPSS 的高 4 位编码为 1101,其他值时为 RFU。低 4 位定义 CID,即对 PICC 寻址的逻辑号。

◇ PPS0。PPS0 用于表明可选字节 PPS1 是否出现。当该字节 b8b7b6=000b,b5=1b,b4b3b2b1=0001b 时,表示后面出现 PPS1 字节。

◇ PPS1。PPS1 字节 b8b7b6b5=0000b,b4b3 为 DSI(设置发送因子 Ds 的值),b2b1 为 DRI(设置接收因子 Dr 的值)。DSI 和 DRI 的两位编码"00、01、10、11"对应的 D 值为 1、2、4、8。

4. PPS 响应

它为 PICC 接收 PPS 请求后的应答,由 3 字节组成,第一字节为 PPSS(同 PPS 请求的 PPSS),后两字节为 CRC 字节。

2.2　ISO/IEC 18000-6 标准

ISO/IEC 18000-6 标准定义了工作频率在 860~930 MHz 的阅读器和应答器之间的物理接口、协议、命令和防碰撞机制。它包含 TYPE A、TYPE B 和 TYPE C 三种无源标签的接口协议,通信距离最远可以达到 10m。目前,TYPE A 和 TYPE B 发展已停滞,而 TYPE C 是 EPC Class1 Gen2 所采用的协议并且发展较快。基于上述原因和篇幅限制,本节只简要

介绍 TypeC。

本书配套的超高频 RFID 阅读器,即是符合 ISO/IEC 18000-6B/C 协议的阅读器。

2.2.1 EPC C1 G2 标准

ISO/IEC 18000-6 标准中的 TYPE C 与 EPC Class1 Gen2(简称 EPC C1 G2)协议相同,本书对两者不加区分,下述内容将从接口参数、存储器结构等方面对其进行介绍。本节内容为 EPC C1 G2 的简要说明,以帮助用户对该标准有一个了解。详细说明请参考 EPC C1 G2 标准。

1. 系统介绍

EPC 系统是一个针对电子标签的应用规范,一般包括读写器、电子标签、天线以及上层应用接口程序等部分。每家厂商提供的产品应符合相关标准,虽然所提供的设备性能不同,但功能是相似的。

2. 操作说明

读写器向一个或一个以上的电子标签发送信息,发送方式是采用无线通信的方式来调制射频载波信号。而标签通过相同的调制射频载波接收功率。读写器通过发送未调制射频载波和接收由电子标签反射(反向散射)的信息来接收电子标签中的数据。

EPC C1 G2 UHF 段标准规定的无线接口频率为 860 MHz～960 MHz。但每个国家在使用时,会根据情况选择其中某段频率作为自己的使用频段。用户在选用电子标签和读写器时,应选用符合国家标准的电子标签及读写器。一般来说,电子标签的频率范围较宽,而读写器在出厂时会严格按照国家标准规定的频率来限定。

3. 频道工作模式

读写器将有效的频段分为 20 个频道,在某个时刻读写器与电子标签的通信只占用一个频道。为防止占用某个频道时间过长或该频道被其他设备占用而产生干扰,读写器会自动跳到下一个频道。

用户在使用读写器时,如发现某个频道已被其他的设备占用或某个频道上的信号干扰很大,可在读写器系统参数设定中先将该频道屏蔽,这样读写器在自动跳频时,会自动跳过该频道,以避免与其他设备应用冲突。

4. 发射功率

读写器的发射功率是一个很重要的参数。读写器对电子标签的操作距离主要由该发射功率来确定,发射功率越大,则操作距离越远。我国的暂定标准为 2 W,读写器的发射功率可以通过系统参数的设置来进行调整,可分为几级或连续可调。用户需根据自己的应用调整该发射功率,使读写器能在用户设定的距离内完成对电子标签的操作。对于满足使用要求的,将发射功率调到较小,以减少能耗。

5. 天线

天线作为 RFID 系统中非常重要的一部分,它对读写器与电子标签的操作距离有很大的影响。天线的性能越好,则操作距离越远。用户在选用时需要多加关注。

读写器与天线的连接有两种情况:一种是读写器与天线装在一起,称为一体机;另一种是通过 50 Ω 的同轴电缆与天线相连，称为分体机。天线的指标主要有使用效率(天线增益)、有效范围(方向性选择)、匹配电阻(50 Ω)和接口类型等。用户在选用时，应根据自己的需要选用相关的天线。一个读写器可以同时连接多个天线，在使用这种读写器时，用户需先设定天线的使用序列。

6. 密集读写器环境(DRM)

在实际应用场合，可能会存在多个读写器同时运行的情况，称为密集读写器环境。在这种情况下，各个读写器会占用各自的操作频道对自己的某类电子标签进行操作。用户在使用时，应根据需要选用可在 DRM 环境下可靠运行的读写器。

7. 数据传输速率

数据传输速率有高、低两种，一般的厂商都会选择高速数据传输速率。

2.2.2　存储器结构

本节介绍的电子标签是指 EPC C1 G2 中定义的标签，对于每个厂商生产的电子标签，其存储器结构是相同的，但容量大小会有差别。

1. 电子标签存储器

从逻辑上来说，一个电子标签分为四个存储体，每个存储体可以由一个或一个以上的存储器组成。电子标签存储器结构图如图 2-6 所示。

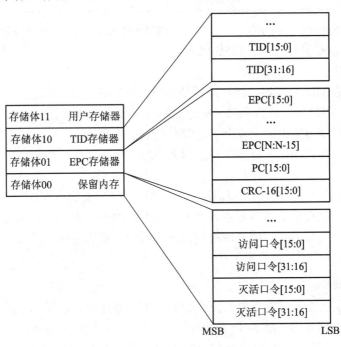

图 2-6 电子标签存储器结构图

从上图中可以看到，一个电子标签的存储器分成四个存储体，分别是存储体 00、存储体 01、存储体 10 和存储体 11。

1) 存储体 00

存储体 00 为保留内存。保留内存为电子标签存储口令(密码)的部分,包括灭活口令和访问口令。灭活口令和访问口令都为 4 字节。其中,灭活口令的地址为 00H～03H(以字节为单位);访问口令的地址为 04H～07H。

2) 存储体 01

存储体 01 为 EPC 存储器。EPC 存储器用于存储电子标签的 EPC 号、PC(协议—控制字)以及 CRC-16 校验码。CRC-16 为本存储体中存储内容的 CRC 校验码。PC 为电子标签的协议—控制字,表明本电子标签的控制信息。PC 为 2 字节,16 位,其每位的定义如表2-12 所示。

表 2-12　PC 组成

位	数值	含　义
04～00 位		电子标签的 EPC 号的数据长度
	00000	EPC 为一个字,16 位
	00001	EPC 为两个字,32 位
	00010	EPC 为三个字,48 位
	11111	EPC 为 32 个字
07～05 位	000	RFU
0F～08 位	00000000	

EPC 号是识别标签对象的电子产品码,由 PC 的值来指定若干个字。EPC 存储在以 20 H 存储地址开始的 EPC 存储器内,MSB 优先。

3) 存储体 10

存储体 10 是 TID 存储器,该存储器是指电子标签的产品类识别号,每个生产厂商的 TID 号都会不同。用户可以在该存储器中存储其自身的产品分类数据及产品供应商的信息。一般来说,TID 存储器的长度为 4 个字。但有些电子标签的生产厂商提供的 TID 会为 2 个字或 5 个字。用户在使用时,应根据自己的需要选用相关厂商的产品。

4) 存储体 11

存储体 11 是用户存储器,该存储器用于存储用户自定义的数据。用户可以对该存储器进行读、写操作。该存储器的容量由各个电子标签的生产厂商确定。相对来说,存储容量大的电子标签价格会高一些。用户应根据自身应用的需要来选择相关容量的电子标签,以降低标签的成本。

2. 存储器的操作

由电子标签供应商提供的标签为空白标签,用户首先会在电子标签的发行时,通过读写器将相关数据存储在电子标签中(发行标签);然后在标签的流通使用过程中,通过读取标签存储器的相关信息,或将某状态信息写入到电子标签中完成系统的应用。

对于电子标签的四个存储体,读写器提供的存储命令都能支持对它们的读写操作。但有些电子标签在出厂时就已由供应商设定为只读,而不能由用户自行改写,这点在选购电子标签时需特别注意。

2.2.3　命令集

本节描述应用电子标签的命令集，用户若需详细了解，可参考《EPC C1 G2 UHF》的标准资料。

在对电子标签的操作中，有三组命令集用于完成相关的操作。这三组命令集是选择、盘存及访问，分别由一个或多个命令组成。

1. 选择(SELECT)

选择命令集由一条命令组成。读写器对电子标签的读写操作前，需应用选择命令集来选择符合用户定义的标签，使符合用户定义的标签进入相应的状态；而其他不符合用户定义的标签仍处于非活动状态，这样可有效地先将所有的标签按各自的应用分成几个不同的类，以利于进一步的标签操作命令。

2. 盘存(INVENTORY)

盘存命令集由多条命令组成。盘存是将所有符合选择条件的标签循环扫描一遍，标签将分别返回其 EPC 号。用户利用该操作可以首先将所有符合条件标签的 EPC 号读出来，并将标签分配到各自的应用块中。

3. 操作(ACCESS)

操作命令集包括电子标签的密码校验、读标签、写标签、锁定标签及灭活标签等。用户应用该组命令完成对电子标签的各项读取或写入操作。

小　结

通过本章的学习，读者应该能够掌握：

◆ ISO/IEC 14443 标准是近耦合非接触式 IC 卡的国际标准，可用于身份证和各种智能卡、存储卡。

◆ 在 ISO/IEC 14443 标准中，阅读器称为 PCD，应答器称为 PICC。

◆ 阅读器(PCD)产生耦合到应答器(PICC)的射频电磁场，用以传送能量。PICC 通过耦合获取能量，并转换成芯片工作直流电压。

◆ ISO/IEC 18000 标准的第六部分是工作频率在 860~930MHz 的空中接口通信技术参数，它定义了阅读器和应答器之间的物理接口、协议、命令和防碰撞机制。

◆ ISO/IEC 18000-6 标准中的 TYPE C 与 EPC Class1 Gen2(EPC C1 G2)协议相同。

◆ 在对电子标签的操作中，有三组命令集用于完成相关的操作。这三组命令集分别是选择、盘存及访问。

习　题

1. 在 ISO/IEC 14443 TYPE A 中 PCD 向 PICC 通信，下列说法错误的是_____。

A. 数据传输速率为 106 kb/s　　　　　　B. 载波频率为 13.56 MHz

C. 载波间隙的时间约为 2～3 μs   D. 采用修正密勒码的 50%ASK 调制

2．在 ISO/IEC 14443 中规定了_____种信号接口。

A. 1   B. 2   C. 4   D. 8

3．在 ISO/IEC 14443-3 标准中 PICC 有不同的状态，下述属于该标准中定义状态的是_____。

A. 断电   B. 全速   C. 休眠   D. 激活

4．在 ISO/IEC 14443 TYPE A 中的帧有三种类型，分别为_____、_____和_____。

5．简述 EPC C1 G2 中定义标签的四个存储体的含义。

6．简述在 ISO/IEC 14443 TYPE A 中 PCD 初始化和防碰撞流程。

第3章　RFID 阅读器开发基础

本章目标

◆ 掌握阅读器电路组成。
◆ 了解 ATmega16A 的主要特性。
◆ 了解 AVR 熔丝位的作用。
◆ 掌握 AVR 通用 I/O 口的配置和使用。
◆ 掌握 AVR 中断的配置和使用。
◆ 掌握 AVR 定时器的配置和使用。
◆ 掌握 AVR USART 的配置和使用。
◆ 掌握 AVR SPI 的配置。

学习导航

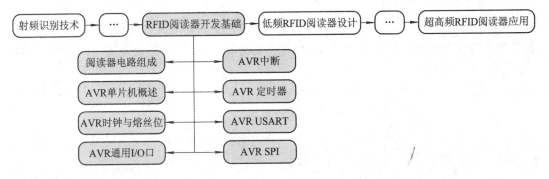

任务描述

➢【描述 3.D.1】
使用 PC7 管脚交替点亮和熄灭一只 LED。

➢【描述 3.D.2】
在 PD2 管脚连接一个按键，使用外部中断检测该按键并翻转 LED 状态。

➢【描述 3.D.3】
使用定时器 1 的溢出中断，实现 1 秒定时驱动 LED 闪烁。

> **【描述 3.D.4】**

配置 USART 波特率为 115200，使用中断法对 PC 机发来的数据进行回显，并驱动 LED 状态翻转。

3.1　阅读器电路组成

从电路上来看，阅读器是一个嵌入式系统，一般由 MCU 控制器、射频收发、通信接口、天线以及其他外围电路组成，其组成如图 3-1 所示。

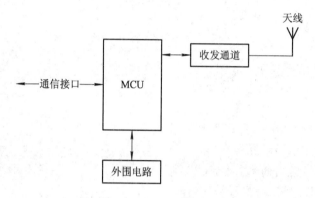

图 3-1　阅读器组成

本章将首先讲解阅读器电路组成，然后讲解作为阅读器核心 MCU 的 AVR 单片机及其外围电路。具体收发通道等会根据不同频段 RFID 系统的需求将在后续章节进行分析和讲解。

3.1.1　MCU 及外围电路

MCU 是阅读器的核心，配合外围电路完成收发控制、向应答器发送命令与写数据、应答器数据读取与处理、与应用系统的高层进行通信等任务。MCU 及外围电路的结构如图 3-2 所示。

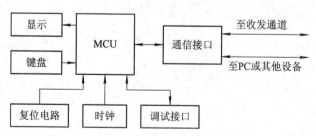

图 3-2　MPU 及外围电路的结构

本书配套阅读器的 MCU 为 Atmel 公司出品的 AVR 单片机，具体型号为 Atmega16A。

3.1.2　收发通道

收发通道主要负责数据的链路和无线链路，由以下两部分组成：

◇ 发送通道，包括编码、调制和功率放大电路，用于向应答器传送命令和写数据。

◇ 接收通道，包括解调、解码电路，用于接收应答器返回的应答信息和数据。

其收发通道电路的结构如图 3-3 所示。

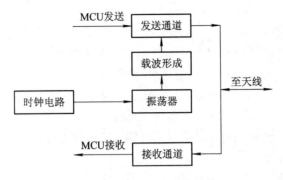

图 3-3　收发通道电路的结构

另外，需要注意的是在实际的电路设计中，根据应答器的防碰撞能力的设置，还应考虑防碰撞电路的设计。

3.1.3　天线

阅读器和应答器都需要安装天线，天线的应用目标是取得最大的能量传输效果。选择天线时，需要考虑天线类型、天线的阻抗、应答器附着物的射频特性、阅读器与应答器周围金属物体等因素。

RFID 系统所用的天线类型主要有偶极子天线、微带贴片天线和线圈天线等。

◇ 偶极子天线辐射能力强，制造工艺简单，成本低，具有全面方向性，常用于远距离 RFID 系统。

◇ 微带贴片天线的方向图是定向的，工艺较复杂，成本较高。

◇ 线圈天线用于电感耦合方式的 RFID 系统中(阅读器和应答器之间的耦合电感线圈在这里也称为天线)。线圈天线适用于近距离的 RFID 系统，在超高频频段和工作距离、方向不定的场合难以得到广泛应用。

在应答器中，天线和应答器芯片是封装在一起的，由于应答器尺寸的限制，天线的小型化和微型化现已成为 RFID 系统性能的重要因素。近年来研制的嵌入式线圈天线、分型开槽天线、地坡面圆极化 EBG(电磁带隙)天线等新型天线为应答器天线小型化提供了技术保证。

3.2　AVR 单片机概述

1997 年，Atmel 公司挪威设计中心的 A 先生和 V 先生利用 Atmel 公司的 Flash 新技术，共同研发出 RISC 精简指令集高速 8 位单片机，简称 AVR。AVR 的单片机可以广泛应用于计算机外部设备、工业实时控制、仪器仪表、通信设备和家用电器等各个领域。

3.2.1　AVR 主要功能特性

AVR 单片机硬件结构采取 8 位机与 16 位机的折中策略，即采用局部寄存器存堆和单体高速输入/输出的方案，既提高了指令执行速度，又克服了瓶颈现象，增强了功能。同时也减少了对外设管理的开销，相对简化了硬件结构，降低了成本。因而，AVR 单片机在软/硬件开销、速度、性能和成本等诸多方面取得了优化平衡。

AVR 单片机其他特点如下：

　　◇　哈佛结构，具备 1MIPS/MHz 的高速运行处理能力。

　　◇　超功能精简指令集(RISC)，具有 32 个通用工作寄存器。

　　◇　快速地存取寄存器组、单周期指令系统，大大优化了目标代码的大小和执行效率。部分型号 Flash 非常大，特别适用于使用高级语言进行开发。

　　◇　作输出时可输出 40 mA(单一输出)；作输入时可设置为三态高阻抗输入或带上拉电阻输入，具备 10～20 mA 灌电流的能力。

　　◇　片内集成多种频率的 RC 振荡器、上电自动复位、看门狗、启动延时等功能，外围电路更加简单，系统更加稳定可靠。

　　◇　大部分 AVR 片上资源丰富：带 EEPROM、PWM、RTC、SPI、USART、TWI、ISP、AD、Analog Comparator 和 WDT 等。

　　◇　大部分 AVR 除了有 ISP 功能外，还有 IAP 功能，方便升级或销毁应用程序。

3.2.2　ATmega16A

ATmega16A 是 AVR 系列单片机中的一个型号，因其功能丰富、性价比高而被广泛应用。ATmega16A 常用的有两种封装，分别为 40 引脚 PDIP 封装和 44 引脚 TQFP 封装。其中，40 引脚 PDIP 封装如图 3-4 所示，44 引脚 TQFP 封装如图 3-5 所示。本书配套读写器的 ATmega16A 采用 44 引脚 TQFP 封装。

```
                  (XCK/T0) PB0 ┤ 1       40 ├ PA0 (ADC0)
                      (T1) PB1 ┤ 2       39 ├ PA1 (ADC1)
                (INT2/AIN0) PB2 ┤ 3       38 ├ PA2 (ADC2)
                (OC0/AIN1) PB3 ┤ 4       37 ├ PA3 (ADC3)
                      (SS) PB4 ┤ 5       36 ├ PA4 (ADC4)
                    (MOSI) PB5 ┤ 6       35 ├ PA5 (ADC5)
                    (MISO) PB6 ┤ 7       34 ├ PA6 (ADC6)
                     (SCK) PB7 ┤ 8       33 ├ PA7 (ADC7)
                         RESET ┤ 9       32 ├ AREF
                           VCC ┤ 10      31 ├ GND
                           GND ┤ 11      30 ├ AVCC
                         XTAL2 ┤ 12      29 ├ PC7 (TOSC2)
                         XTAL1 ┤ 13      28 ├ PC6 (TOSC1)
                     (RXD) PD0 ┤ 14      27 ├ PC5 (TDI)
                     (TXD) PD1 ┤ 15      26 ├ PC4 (TDO)
                    (INT0) PD2 ┤ 16      25 ├ PC3 (TMS)
                    (INT1) PD3 ┤ 17      24 ├ PC2 (TCK)
                    (OC1B) PD4 ┤ 18      23 ├ PC1 (SDA)
                    (OC1A) PD5 ┤ 19      22 ├ PC0 (SCL)
                    (ICP1) PD6 ┤ 20      21 ├ PD7 (OC2)
```

图 3-4　40 引脚 PDIP 封装

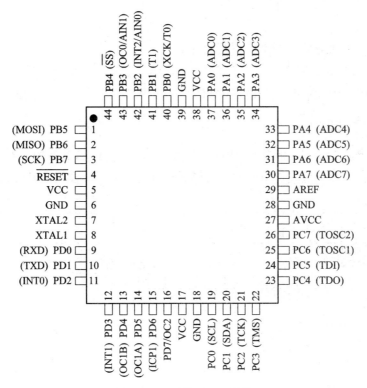

图 3-5　44 引脚 TQFP 封装

ATmega16A 引脚功能较多，其具体说明如表 3-1 所示。

表 3-1　ATmega16A 引脚说明

名称	功　　能
VCC	数字电路电源
GND	地
端口 A (PA7..PA0)	A/D 转换器的模拟输入端。8 位双向 I/O 口，具有可编程的内部上拉电阻。在复位过程中，端口 A 处于高阻状态(即使系统时钟还未起振)
端口 B (PB7..PB0)	8 位双向 I/O 口，具有可编程的内部上拉电阻。在复位过程中，端口 B 处于高阻状态(即使系统时钟还未起振)，它也可以用作其他不同的特殊功能
端口 C (PC7..PC0)	8 位双向 I/O 口，具有可编程的内部上拉电阻。在复位过程中，端口 C 处于高阻状态(即使系统时钟还未起振)。如果 JTAG 接口使能，即使复位出现引脚 PC5(TDI)、PC3(TMS)与 PC2(TCK)的上拉电阻被激活，端口 C 也可以用作其他不同的特殊功能
端口 D (PD7..PD0)	8 位双向 I/O 口，具有可编程的内部上拉电阻。在复位过程中，端口 D 处于高阻状态(即使系统时钟还未起振)，它也可以用作其他不同的特殊功能
RESET	复位输入引脚。持续时间超过最小门限时间的低电平将引起系统复位；持续时间小于门限间的脉冲则不能保证可靠复位
XTAL1	反向振荡放大器与片内时钟操作电路的输入端
XTAL2	反向振荡放大器的输出端
AVCC	AVCC 是端口 A 与 A/D 转换器的电源。不使用 ADC 时，该引脚应直接与 VCC 连接；使用 ADC 时，应通过一个低通滤波器与 VCC 连接
AREF	A/D 的模拟基准输入引脚

3.3 AVR 时钟与熔丝位

AVR 单片机的运行，需要有时钟的驱动，而时钟源的选择需要设置相关熔丝位。

3.3.1 AVR 系统时钟

AVR 有一套时钟系统，也有多个时钟源可作为系统时钟，这些时钟并不需要同时工作。为了降低功耗，可以通过使用不同的睡眠模式来禁止无需工作模块的时钟。具体时钟分布如图 3-6 所示。

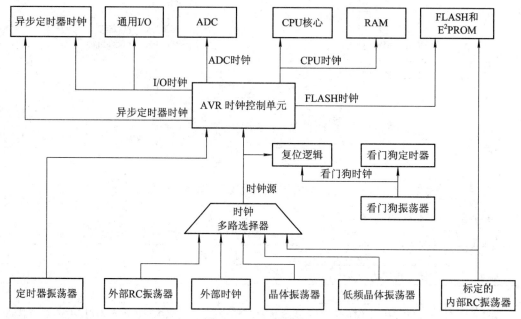

图 3-6　AVR 时钟单元

上图中涉及的时钟功能如表 3-2 所示。

表 3-2　时钟功能说明

时钟名称	功　能
CPU 时钟	CPU 时钟与操作 AVR 内核的子系统相连，如通用寄存器、状态寄存器及保存堆栈指针的数据存储器。终止 CPU 时钟将使内核停止工作和计算
I/O 时钟	I/O 时钟用于主要的 I/O 模块，如定时器/计数器、SPI 和 USART。I/O 时钟还用于外部中断模块。要注意的是，有些外部中断由异步逻辑检测，因此即使 I/O 时钟停止了这些中断，仍然可以得到监控
Flash 时钟	Flash 时钟控制 Flash 接口的操作。此时钟通常与 CPU 时钟同时挂起或激活
异步定时器时钟	异步定时器时钟允许异步定时器/计数器与 LCD 控制器直接由外部 32kHz 时钟晶体驱动。使得此定时器/计数器即使在睡眠模式下，仍然可以为系统提供一个实时时钟
ADC 时钟	ADC 具有专门的时钟。这样可以在 ADC 工作的时候停止 CPU 和 I/O 时钟以降低数字电路产生的噪声，从而提高 ADC 转换精度

AVR 单片机的多种时钟源通过一个时钟多路选择器来驱动系统时钟或用作其他功能，时钟源的选择需要对熔丝位进行配置。被选择的时钟输入到 AVR 时钟发生器，再分配到相应模块。

AVR 有六个时钟源，分别如下：

◇ 外部晶体/陶瓷振荡器，常用作主时钟源，这个振荡器可以使用石英晶体也可以使用陶瓷谐振器。XTAL1 和 XTAL2 分别用作片内振荡器的反相放大器的输入和输出。

◇ 外部低频振荡器，一般用来连接 32.768 kHz 晶振。需要对熔丝位编程，使能 XTAL1 和 XTAL2 的内部电容，从而除去外部电容。内部电容的标称数为 36 pF。

◇ 外部 RC 振荡器。对于时间不敏感的应用可以使用外部 RC 振荡器。频率可以通过 $f = 1/(3RC)$ 进行粗略的估算。电容至少需要 22 pF。

◇ 标定的内部 RC 振荡器。标定的片内 RC 振荡器提供了固定的 1.0、2.0、4.0 或 8.0 MHz 的时钟。这个时钟也可作为系统时钟。选择这个时钟之后就无需外部器件了。

◇ 外部时钟。XTAL1 连接外部来的时钟信号，作为系统时钟驱动整个 CPU 运行。XTAL2 可悬空。

◇ 定时器振荡器。对于拥有定时器/振荡器引脚(TOSC1 和 TOSC2)的 AVR 微处理器，晶体可以直接与这两个引脚相连，无需外部电容。此振荡器针对 32.768kHz 的中标晶体作了优化。

器件出厂时，缺省设置的时钟源是 1 MHz 的内部 RC 振荡器，启动时间为最长。这种设置保证用户可以通过 ISP 或并行编程器得到所需的时钟源。

3.3.2　AVR 熔丝位

在 AVR 内部有多组与器件配置和运行环境相关的熔丝位，这些熔丝位非常重要，用户可以通过设定和配置熔丝位，使 AVR 具备不同的特性，以更加适合实际的应用。

ATmega16A 有两个熔丝位字节，分别为熔丝位高字节和熔丝位低字节。如果熔丝位被编程则读返回值为 "0"。其中，熔丝位高字节每个 Bit 的定义如表 3-3 所示；熔丝位低字节每个 Bit 的定义如表 3-4 所示。

表 3-3　熔丝位高字节定义

熔丝位高字节	位号	描　　述	默认值
OCDEN	7	使能 OCD	1(未编程，OCD 禁用)
JTAGEN	6	使能 JTAG	0(编程，JTAG 使能)
SPIEN	5	使能串行程序和数据下载	0(编程，SPI 编程使能)
CKOPT	4	振荡器选项	1(未编程)
EESAVE	3	执行芯片擦除时 EEPROM 的内容保留	1(未编程，内容不保留)
BOOTSZ1	2	选择 Boot 区大小	0(编程)
BOOTSZ0	1	选择 Boot 区大小	0(编程)
BOOTRST	0	选择复位向量	1(未编程)

表 3-4　熔丝位低字节定义

熔丝位低字节	位号	描　　述	默认值
BODLEVEL	7	BOD 触发电平	1(未编程)
BODEN	6	BOD 使能	1(未编程，BOD 禁用)
SUT1	5	选择启动时间	1(未编程)
SUT0	4	选择启动时间	0(编程)
CKSEL3	3	选择时钟源	0(编程)
CKSEL2	2	选择时钟源	0(编程)
CKSEL1	1	选择时钟源	0(编程)
CKSEL0	0	选择时钟源	1(未编程)

在熔丝位中，与系统时钟有关的有 CKOPT 和 CKSEL[3:0]，主要用来选择振荡器种类和工作频率，具体配置如表 3-5 所示。

表 3-5　CKOPT 与 CKSEL[3:0]的配置

CKOPT	CKSEL[3:0]	描　　述	默认值
1	0001	1.0 MHz	内部 RC 振荡器
1	0010	2.0 MHz	
1	0011	4.0 MHz	
1	0100	8.0 MHz	
1	101x	0.4～0.9 MHz	仅适用于陶瓷振荡器
1	110x	0.9～3.0 MHz	12～22 pF
1	111x	3.0～8.0 MHz	12～22 pF
0	101x，110x，111x	大于等于 1.0 MHz	12～22 pF

CKOPT 的数值决定了振荡器输出幅度的大小，不同振幅决定了其适应场合的不同，具体含义如下：

◇ 在 CKOPT = 0 时，振荡器的输出振幅较大，容易起振，适合在干扰大的场合以及使用晶体振荡器超过 8 MHz 的情况下。

◇ 当 CKOPT = 1 时，振荡器的输出振幅较小，这样可以减少对电源的消耗，对外的电磁辐射也较小。

⚠ 注意：熔丝位的设置需要用特殊的软件和方法，一旦配置，不建议更改。如果修改不
　　　　当，轻则造成运行不正常，重则锁死芯片。

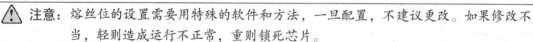

3.4　AVR 通用 I/O 口

ATmega16A 有四组通用 I/O 端口，分别为 PORTA、PORTB、PORTC 和 PORTD，简称 PA、PB、PC 和 PD。每组 I/O 端口有 8 个 I/O 管脚。这些管脚都是相互独立的，具有真正的读、改、写功能。AVR 通用 I/O 口的主要特点如下：

◇ 双向独立位控的 I/O 口。每一位都可以单独进行配置，互不影响。

◇ 大电流驱动，每个 I/O 口输出采用推挽方式，最大 20 mA 灌电流，可直接驱动 LED。

◇ I/O 端口可以复用，作为 USART、SPI 等外设接口。

3.4.1　通用 I/O 口结构

AVR 的通用 I/O 口的结构并不复杂，其结构如图 3-7 所示。

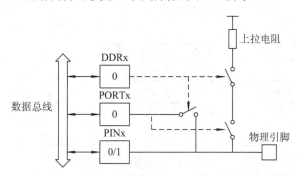

图 3-7　通用 I/O 口结构

每一组 I/O 端口内部配备三个 8 位寄存器，对应着该组的 8 个引脚，分别为：

◇ 方向控制寄存器 DDRx(x = A，B，C，D)。

◇ 数据寄存器 PORTx(x = A，B，C，D)。

◇ 输入引脚寄存器 PINx(x = A，B，C，D)。

此外，每个 I/O 口内部还有一个上拉电阻。

方向控制寄存器 DDRx 用于控制 I/O 口的输入输出方向，即控制 I/O 口的工作方式为输入方式还是输出方式。

◇ 当 DDRx = 1 时，I/O 口处于输出工作方式，此时数据寄存器 PORTx 中的数据通过一个推挽电路输出到外部引脚，当 PORTx = 1 时，I/O 引脚呈现高电平，同时可以提供输出 20 mA 的电流；而当 PORTx = 0 时，I/O 引脚呈现低电平，同时可以吸纳 20 mA 电流。因此，AVR 的 I/O 口在输出方式下提供了比较大的驱动能力，可以直接驱动 LED 灯小功率外围器件。

◇ 当 DDRx = 0 时，I/O 口处于输入方式。此时引脚寄存器 PINx 中的数据就是外部引脚的实际电平，通过读 PINx 寄存器可以获得外部引脚上的真实电平。在输入方式下，PORTx 可以控制使用或者不使用内部的上拉电阻。

此外，在寄存器 SFIOR 中，有一位称做 PUD，它是 AVR 全部 I/O 口内部上拉电阻的总开关。

当 PUD = 1 时，AVR 所有 I/O 内部上拉电阻都不起作用。

当 PUD = 0 时，各个 I/O 口内部的上拉电阻取决于 PORTx 的设置。

3.4.2　通用 I/O 寄存器

ATmega16A 的四个端口都有各自对应的三个 I/O 口寄存器，分别为数据寄存器 PORT、数据方向寄存器 DDR 和输入引脚 PIN。它们占用了 I/O 空间的 12 个地址。以 PA 口寄存器为例，数据寄存器 PORTA 的具体定义如表 3-6 所示；数据方向寄存器 DDRA 的具体定义如表 3-7 所示；输入引脚寄存器 PINA 的具体定义如表 3-8 所示。

表 3-6　PORTA 寄存器

Bit	7	6	5	4	3	2	1	0
名称	PORTA7	PORTA6	PORTA5	PORTA4	PORTA3	PORTA2	PORTA1	PORTA0
读写	R/W	R/W	R/W	R/W	R/W	R/W	R/W	R/W
初始值	0	0	0	0	0	0	0	0

表 3-7　DDRA 寄存器

Bit	7	6	5	4	3	2	1	0
名称	DDRA7	DDRA6	DDRA5	DDRA4	DDRA3	DDRA2	DDRA1	DDRA0
读写	R/W	R/W	R/W	R/W	R/W	R/W	R/W	R/W
初始值	0	0	0	0	0	0	0	0

表 3-8　PINA 寄存器

Bit	7	6	5	4	3	2	1	0
名称	PINA7	PINA6	PINA5	PINA4	PINA3	PINA2	PINA1	PINA0
读写	R	R	R	R	R	R	R	R
初始值	N/A	N/A	N/A	N/A	N/A	N/A	N/A	N/A

⚠ 注意：并非所有寄存器都可读写，R 代表只读，W 代表只写，R/W 代表可读可写。寄存器的初值也都并非是确定的 1 或 0，使用 N/A 表示初始值不确定。

3.4.3　通用 I/O 程序设计

通用 I/O 口常用于 MCU 对外数据输出和输入，LED 驱动和按键检测等。下述内容用于实现描述 3.D.1，即使用 PC7 管脚交替点亮和熄灭一只 LED。

1. LED 初始化

基于模块化和移植的考虑，可将 I/O 口设置子程序单独封装成一个子函数。例如，LED 相关管脚的配置可封装成子函数 LED_Config()，具体源码如下：

【描述 3.D.1】LED_Config()

```
/*************** LED 初始化函数 ***************/
void LED_Config(void)
{
    //PC7 引脚连接一个 LED，低电平点亮
    //设置 PC7 为输出
    DDRC  |= (1<<PC7);
    //设置 PC7 为高电平
    PORTC |= (1<<PC7);
}
```

2. 主函数编写

主函数 main()存放在 main.c 文件中，除了相关初始化函数和主循环外，还需要定义一些必需的宏定义和头文件等，详细代码清单如下：

【描述 3.D.1】main.c

```
/****************** 宏定义 ******************/

//开启 iom16.h 文件中的 bit 模式
#define    ENABLE_BIT_DEFINITIONS 1

/****************** 头文件 ******************/

//IAR 中已定义的 ATmega16 相关寄存器名称
#include <iom16.h>

/****************** 子函数 ******************/

//LED 初始化函数
void LED_Config(void);

/****************** 主函数 ******************/
void main(void)
{
    //LED 初始化函数
    LED_Config();

    while(1)
    {
        //点亮 LED
        PORTC &= ～(1<<PC7);
        //熄灭 LED
        PORTC |= (1<<PC7);
    }
}
```

单步执行如下语句时，会看到 LED 亮灭转换。

```
while(1)
{
    //点亮 LED
    PORTC &= ～(1<<PC7);
    //熄灭 LED
    PORTC |= (1<<PC7);
}
```

3.4.4　I/O 端口第二功能

AVR 的 I/O 端口除了通用 I/O 功能外，大多数端口引脚都具有第二功能，使能某些引脚的第二功能，不会影响到同一端口其他引脚作为通用 I/O 口的功能。ATmega16A 的 I/O 端口第二功能如表 3-9 所示。

表 3-9　I/O 端口第二功能

端口	第二功能	功 能 说 明
PA7	ADC7	ADC 输入通道 7
PA6	ADC6	ADC 输入通道 6
PA5	ADC5	ADC 输入通道 5
PA4	ADC4	ADC 输入通道 4
PA3	ADC3	ADC 输入通道 3
PA2	ADC2	ADC 输入通道 2
PA1	ADC1	ADC 输入通道 1
PA0	ADC0	ADC 输入通道 0
PB7	SCK	SPI 总线的串行时钟
PB6	MISO	SPI 总线的主机输入/从机输出信号
PB5	MOSI	SPI 总线的主机输出/从机输入信号
PB4	/SS	SPI 从机选择引脚
PB3	AIN1/OC0	模拟比较负输入/T/C0 输出比较匹配输出
PB2	AIN0/INT2	模拟比较正输入/外部中断 2 输入
PB1	T1	T/C1 外部计数器输入
PB0	T0/XCK	T/C0 外部计数器输入/USART 外部时钟输入/输出
PC7	TOSC2	定时振荡器引脚 2
PC6	TOSC1	定时振荡器引脚 1
PC5	TDI	JTAG 测试数据输入
PC4	TDO	JTAG 测试数据输出
PC3	TMS	JTAG 测试模式选择
PC2	TCK	JTAG 测试时钟
PC1	SDA	两线串行总线数据输入/输出线
PC0	SCL	两线串行总线时钟线
PD7	OC2	T/C2 输出比较匹配输出
PD6	ICP1	T/C1 输入捕捉引脚
PD5	OC1A	T/C1 输出比较 A 匹配输出
PD4	OC1B	T/C1 输出比较 B 匹配输出
PD3	INT1	外部中断 1 的输入
PD2	INT0	外部中断 0 的输入
PD1	TXD	USART 输出引脚
PD0	RXD	USART 输入引脚

3.5　AVR 中断

AVR 单片机的中断源种类多、门类全，便于设计实时、多功能、高效率的嵌入式应用系统。但同时由于其功能更为强大，因此比一般 8 位单片机的中断使用和控制相对复杂些。

3.5.1　中断向量

AVR 单片机一般拥有数十个中断源，每个中断源都有独立的中断向量。默认情况下，程序存储器的最低端，即从 Flash 地址的 0x0000 开始用于放置中断向量，称做中断向量区。

ATmega16A 共有 21 个中断源。默认状态下，ATmega16A 的中断向量如表 3-10 所示。

表 3-10　ATmega16A 中断向量表

向量号	程序地址	中断源	中 断 定 义
1	0x000	RESET	外部引脚电平引发的复位、上电复位、掉电检测复位、看门狗复位以及 JTAG AVR 复位
2	0x002	INT0	外部中断请求 0
3	0x004	INT1	外部中断请求 1
4	0x006	TIMER2 COMP	定时器/计数器 2 比较匹配
5	0x008	TIMER2 OVF	定时器/计数器 2 溢出
6	0x00A	TIMER1 CAPT	定时器/计数器 1 事件捕捉
7	0x00C	TIMER1 COMPA	定时器/计数器 1 比较匹配 A
8	0x00E	TIMER1 COMPB	定时器/计数器 1 比较匹配 B
9	0x010	TIMER1 OVF	定时器/计数器 1 溢出
10	0x012	TIMER0 OVF	定时器/计数器 0 溢出
11	0x014	SPI、STC	SPI 串行传输结束
12	0x016	USART、RXC	USART Rx 结束
13	0x018	USART、UDRE	USART 数据寄存器空
14	0x01A	USART、TXC	USART、Tx 结束
15	0x01C	ADC	ADC 转换结束
16	0x01E	EE_RDY	EEPROM 就绪
17	0x020	ANA_COMP	模拟比较器
18	0x022	TWI	两线串行接口
19	0x024	INT2	外部中断请求 2
20	0x026	TIMER0 COMP	定时器/计数器 0 比较匹配
21	0x028	SPM_RDY	保存程序存储器内容就绪

在这 21 个中断中，包含 1 个非屏蔽中断(RESET)、3 个外部中断(INT0、INT1、INT2)和 17 个内部中断。本节只简要介绍 RESET 和外部中断。

◇ 系统复位中断 RESET，也称为系统复位源。RESET 是一个特殊的中断源，是 AVR

中唯一不可屏蔽的中断。当 ATmega16A 由于各种原因被复位后，程序将跳到复位向量(默认为 0x0000)处，在该地址处通常放置一条跳转指令，跳转到主程序继续执行。

◇ INT0、INT1 和 INT2 是三个外部中断源，它们分别由芯片外部引脚 PD2、PD3 和 PB2 上的电平变化或状态触发。通过对控制寄存器 MCUCR 和控制与状态寄存器 MCUCSR 的配置定义触发方式。

3.5.2 中断控制

AVR 单片机的中断，有优先级和屏蔽等功能和控制手段，也支持中断的嵌套，并可以灵活地进行配置和使用。

1. 中断优先级

在 AVR 单片机中，一个中断在中断向量区的位置决定了它的优先级，即位于低地址的中断优先级高于位于高地址的中断优先级。因此，对于 ATmega16A 来说，复位中断 RESET 具有最高优先级，外部中断 INT0 次之，而 SPM_RDY 的中断优先级最低。

AVR 单片机采用固定的硬件优先级方式，不支持通过软件对中断优先级的重新设定。因此，中断优先级的作用仅体现在同一时刻有两个及两个以上中断源向 MCU 申请中断的情况中。在这种情况下，MCU 根据优先级的不同，首先响应其中最高优先级的中断，待该中断服务程序执行完返回后，再依次响应优先级较低的中断。

2. 中断标志

AVR 有两种不同机制的中断：带有中断标志的中断和不带中断标志的中断。

中断标志是指每个中断源在其 I/O 空间寄存器中具有自己的一个中断标志位。在 AVR 中，大多数的中断都属于带中断标志的中断。中断标志位一般在 MCU 响应该中断时由硬件自动清除，或在中断服务程序中通过读写专门数据寄存器的方式自动清除。关于中断标志，还有下述规则和情况：

◇ 当中断被禁止或 MCU 不能马上响应中断时，则该中断标志将会一直保持，直到中断允许并得到响应为止。

◇ 已建立的中断标志，实际就是一个中断的请求信号，如果暂时不能被响应，则该中断标志会一直保留(除非被用户软件清除)，此时该中断被"挂起"。

◇ 如果有多个中断被挂起，一旦中断允许后，各个被挂起的中断将按优先级依次得到中断响应服务。

在 AVR 中，还有个别的中断不带中断标志，如配置为低电平触发的外部中断。这类中断只要条件满足，就会一直向 MCU 发出中断请求。

◇ 如果由于等待时间过长而得不到响应，则可能因中断条件结束而失去一次中断服务的机会。

◇ 如果这个低电平维持时间过长，则会使中断服务完成返回后再次响应，即 MCU 重复响应同一中断的请求，进行重复服务。

3. 中断屏蔽与管理

为了能够灵活地管理中断，AVR 对中断采用两级控制方式。所谓两级控制，是指 AVR 有一个中断允许的总控制位 I(即 AVR 状态寄存器 SREG 中的 I 标志位)，通常称为全局中断允许控制位。状态寄存器 SREG 的定义如表 3-11 所示。

表 3-11　状态寄存器 SREG

Bit	7	6	5	4	3	2	1	0
名称	I	T	H	S	V	N	Z	C
读写	R/W	R/W	R/W	R/W	R/W	R/W	R/W	R/W
初始值	0	0	0	0	0	0	0	0

其中，I 位置位时，使能全局中断，清零时则不论单独中断标志置位与否，都不会产生中断。任一中断发生后 I 清零，而执行 RETI(中断返回)指令后，I 位恢复置位以使能中断。同时，AVR 为每一个中断源都设置了独立的中断允许位，这些中断允许位分散在每个中断源所属模块的控制寄存器中。

4. 中断嵌套

由于 AVR 在响应一个中断的过程中通过硬件将 I 标志位自动清 0，这样就阻止了 MCU 响应其他中断，因此通常情况下，AVR 是不能自动实现中断嵌套的。如果要实现中断嵌套的应用，用户可在中断服务程序中使用指令使能全局中断允许位 I，通过间接的方式实现中断的嵌套处理。

⚠ 注意：除非确实需要中断嵌套，一般情况下不建议采用中断嵌套。

3.5.3　外部中断

ATmega16A 有 INT0、INT1 和 INT2 三个外部中断源，分别由芯片外部引脚 PD2、PD3 和 PB2 上的电平变化或状态作为中断触发信号。

1. 外部中断触发方式

INT0、INT1 和 INT2 的中断触发方式取决于用户程序对 MCU 控制寄存器 MCUCR 和 MCU 控制与状态寄存器 MCUCSR 的设定。其中，INT0 和 INT1 支持 4 种中断触发方式，INT2 支持 2 种，触发方式如表 3-12 所示。

表 3-12　外部中断触发方式

触发方式	INT0	INT1	INT2	说　明
上升沿触发	支持	支持	支持(异步)	INT2 为异步(不需要与 I/O 时钟同步)边沿检测
下降沿触发	支持	支持	支持(异步)	INT2 为异步(不需要与 I/O 时钟同步)边沿检测
任意电平变化触发	支持	支持	不支持	——
低电平触发	支持	支持	不支持	不带中断标志

2. 外部中断寄存器

在 ATmega16A 中，除了寄存器 SREG 中的全局中断允许标志位 I 以外，与外部中断有关的寄存器有 4 个，共有 11 个标志位，其作用分别是这三个外部中断的中断标志位、中断允许控制位及定义外部中断的触发类型。

MCU 控制寄存器 MCUCR 的低 4 位为 INT0(ISC01、ISC00)和 INT1(ISC11、ISC10)中断触发类型控制位。MCUCR 定义如表 3-13 所示。

表 3-13　MCUCR 定义

Bit	7	6	5	4	3	2	1	0
名称	SM2	SE	SM1	SM0	ISC11	ISC10	ISC01	ISC00
读写	R/W	R/W	R/W	R/W	R/W	R/W	R/W	R/W
初始值	0	0	0	0	0	0	0	0

INT0 和 INT1 的中断触发方式定义如表 3-14 所示。

表 3-14　INT0 与 INT1 中断触发方式定义

ISCn1	ISCn0	中断触发方式
0	0	INTn 的低电平产生一个中断请求
0	1	INTn 的下降沿和上升沿都产生一个中断请求
1	0	INTn 的下降沿产生一个中断请求
1	1	INTn 的上升沿产生一个中断请求

MCU 控制与状态寄存器 MCUCSR 中的第 6 位(ISC2)为 INT2 的中断触发类型控制位。MCUCSR 定义如表 3-15 所示。

表 3-15　MCUCSR 定义

Bit	7	6	5	4	3	2	1	0
名称	JTD	ISC2	—	JTRF	WDRF	BORF	EXTPF	PORF
读写	R/W	R/W	R	R/W	R/W	R/W	R/W	R/W
初始值	0	0	0	5 个 RESET 复位标志				

INT2 的中断触发方式如表 3-16 所示。

表 3-16　INT2 中断触发方式

ISC2	中断触发方式
0	INT2 的下降沿产生一个异步中断请求
1	INT2 的上升沿产生一个异步中断请求

通用中断控制寄存器 GICR 的高 3 位为 INT0、INT1 和 INT2 的中断允许控制位，其各位定义如表 3-17 所示。

表 3-17　GICR 定义

Bit	7	6	5	4	3	2	1	0
名称	INT1	INT0	INT2	—	—	—	IVSEL	IVCE
读写	R/W	R/W	R/W	R	R	R	R/W	R/W
初始值	0	0	0	0	0	0	0	0

通用中断标志寄存器 GIFR 的高 3 位为 INT0、INT1 和 INT2 的中断标志位。GIFR 各位定义如表 3-18 所示。

表 3-18　GIFR 定义

Bit	7	6	5	4	3	2	1	0
名称	INTF1	INTF0	INTF2	—	—	—	—	—
读写	R/W	R/W	R	R	R	R	R	R
初始值	0	0	0	0	0	0	0	0

当 INT0、INT1 和 INT2 引脚上的有效事件满足中断触发条件后，INTF0、INTF1 和 INTF2 位会变成 1。如果此时 SREG 寄存器中的 I 位为 1，而且 GICR 寄存器中的 INTn 置 1，则 MCU 将响应中断请求，跳至相应的中断向量处开始执行中断服务程序，同时硬件自动将 INTFn 标志清 0。

3.5.4　中断程序设计

外部中断常用作检测外部事件，如检测按键的状态。下述内容用于实现描述 3.D.2，即 在 PD2 管脚连接一个按键，使用外部中断检测该按键并翻转 LED 状态。

1. 按键配置

出于模块化的设计要求，可将按键相关管脚的配置封装成子函数 SW_Config()，具体 源码如下：

【描述 3.D.2】　SW_Config()

```
/*************** 按键初始化函数 ***************/
void SW_Config(void)
{
    //PD2 为外部中断 INT0 引脚
    //PD2 引脚连接一个按键，按下为低电平
    //设置 PD2 为输入
    DDRD   &=  ~(1<<PD2);
    //启用 PD2 的上拉电阻
    PORTD |= (1<<PD2);

    //设置 INT0 为低电平触发中断
    MCUCR &=~((1<<ISC01) | (1<<ISC00));
    //使能 INT0
    GICR |=(1<<INT0);
}
```

2. 主函数编写

主函数 main() 存放在 main.c 文件中，除了相关初始化函数和主循环外，还需要定义一 些必需的宏定义和头文件等，详细代码清单如下：

【描述 3.D.2】main.c

```
/****************** 宏定义 ******************/

//开启 iom16.h 文件中的 bit 模式
#define   ENABLE_BIT_DEFINITIONS 1

/****************** 头文件 ******************/
```

```
//IAR 中已定义的 ATmega16 相关寄存器名称
#include <iom16.h>


/***************** 子函数 *****************/


//LED 初始化函数，代码请参考描述 3.D.1
void LED_Config(void);
//按键初始化函数
void SW_Config(void);


/***************** 主函数 *****************/
void main(void)
{
    //LED 初始化函数
    LED_Config();
    //SW 初始化函数
    SW_Config();

    //开总中断
    SREG   |= (1 << 7);

    while(1)
    {
    //等待中断
    }
}
```

3. 中断服务函数

中断服务程序用于处理外部中断的相关事务，本例中需要将 LED 的显示状态进行翻转，详细代码清单如下：

【描述 3.D.2】 INT0_S()

```
/************** 中断服务函数 **************/
//INT0 中断服务函数
#pragma vector = INT0_vect
__interrupt void INT0_S(void)
{
    //每次按下按键，LED 状态翻转一次
    if(PORTC&(1<<PC7))
```

```
        {
            PORTC &= ~(1<<PC7);
        }
        else
        {
            PORTC |= (1<<PC7);
        }
    }
```

运行上述程序后，观察开发板，每次按下相关按键都会看到 LED 的亮灭状态随之翻转。

3.6　AVR 定时器

相对于一般的 8 位单片机而言，AVR 不仅配备了更多的定时/计数器(简称定时器)接口，而且还是增强型的。例如，通过定时器与比较匹配寄存器互相配合，生成占空比可变的方波信号，即脉冲宽度调制输出 PWM 信号，用于 D/A 转换、电机无级调速和变频控制等。

3.6.1　定时器概述

ATmega16A 配置了两个 8 位和一个 16 位共三个定时器。它们是 8 位的定时器 T/C0 及 T/C2 和 16 位的 T/C1。它们之间的功能比较如表 3-19 所示。

表 3-19　定时器功能比较

名称	T/C0 和 T/C2	T/C1
位宽	8 位计数器	16 位设计(即允许 16 位的 PWM)
通道	单通道计数器	两个独立的输出比较单元
输出缓冲	—	双缓冲的输出比较寄存器
输入捕捉	—	一个输入捕捉单元
输入噪声	—	输入捕捉噪声抑制器
比较匹配	比较匹配发生时清除定时器(自动加载)	
PWM 脉冲	无干扰脉冲，相位正确的 PWM	
可变 PWM 周期	—	可变的 PWM 周期
频率发生器	频率发生器	
外部事件计数器	外部事件计数器	
预分频器	10 位的时钟预分频器	
中断源	溢出和比较匹配中断源(TOV0 和 OCF0)	四个独立的中断源(TOV1、OCF1A、OCF1B 与 ICF1)

定时器原理图如图 3-8 所示。

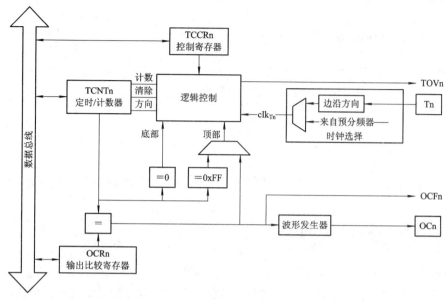

图 3-8　定时器原理图

1. 时钟源与预分频器

对于定时器来说，首先需要明确的是时钟源，不同的时钟源决定了其定时和计数的时间间隔以及稳定性。

1) 内部时钟源

T/C 可以由内部同步时钟或外部异步时钟驱动。时钟源是由时钟选择逻辑决定的，而时钟选择逻辑是由位于 T/C 控制寄存器 TCCR0 的时钟选择位 CS0[2:0]控制的。

T/C1 与 T/C0 虽共用一个预分频模块，但可以有不同的分频设置。当 CSn[2:0]＝1 时，系统内部时钟直接作为 T/C 的时钟源，这也是 T/C 最高频率的时钟源 $f_{CLK\_I/O}$，与系统时钟频率相同。预分频器可以输出 4 个不同的时钟信号 $f_{CLK\_I/O}/8$、$f_{CLK\_I/O}/64$、$f_{CLK\_I/O}/256$ 或 $f_{CLK\_I/O}/1024$。

2) 外部时钟源

由 T1/T0 引脚提供的外部时钟源可以用作 T/C 时钟 clk_{T1}/clk_{T0}。引脚同步逻辑在每个系统时钟周期对引脚 T1/T0 进行采样。然后将同步(采样)信号送到边沿检测器。寄存器由内部系统时钟 $clk_{I/O}$ 的上跳沿驱动。当内部时钟为高时，锁存器可以看做是透明的。

2. 计数单元

8 位 T/C0 的主要功能部件为可编程的双向计数单元。计数器单元原理图如图 3-9 所示。

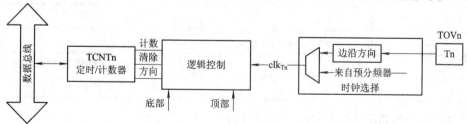

图 3-9　计数器单元原理图

根据不同的工作模式，计数器针对每一个 clk_{T0} 实现清零、加一或减一操作。其时钟和操作有如下特点：

- clk_{T0} 可以由内部时钟源或外部时钟源产生，具体由时钟选择位 CS0[2:0]确定。
- 没有选择时钟源时(CS0[2:0] = 0)定时器即停止。
- 不管有没有 clk_{T0}，CPU 都可以访问 TCNT0。
- CPU 写操作比计数器其他操作(如清零、加减操作)的优先级高。
- 计数序列由 T/C 控制寄存器(TCCR0)的 WGM01 和 WGM00 决定。
- 计数器计数行为与输出比较 OC0 的波形有紧密的关系。
- T/C 的溢出中断标志 TOV0 根据 WGM0[1:0]设定的工作模式来设置。
- TOV0 可以用于产生 CPU 中断。

3. 输出比较单元

当定时器作输出比较时，8 位比较器持续对 TCNT0 和输出比较寄存器 OCR0 进行比较。输出比较单元结构图如图 3-10 所示。

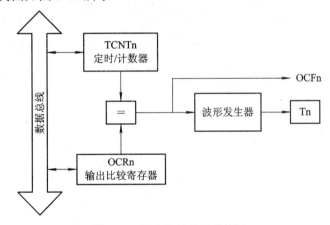

图 3-10　输出比较单元结构图

一旦 TCNT0 等于 OCR0，比较器就给出匹配信号，在匹配发生的下一个定时器时钟周期输出比较标志 OCF0 置位。若此时 OCIE0 = 1 且 SREG 的全局中断标志 I 置位，CPU 将产生输出比较中断。执行中断服务程序时，OCF0 自动清零，或者通过软件写"1"的方式来清零。另外，根据 WGM2[1:0]和 COM0[1:0]设定的不同的工作模式，波形发生器利用匹配信号产生不同的波形。同时，波形发生器还利用 max 和 bottom 信号来处理极值条件下的特殊情况。

3.6.2　定时器工作模式

AVR 的定时器工作模式比较多，具体有如下几种：

- 普通模式。
- CTC(比较匹配时清零定时器)模式。
- 快速 PWM 模式。
- 相位修正 PWM 模式。
- 相位与频率修正 PWM 模式。

在这几种工作模式中，普通模式为最常用的工作模式。限于篇幅，本节只介绍普通模式，其他工作模式可参考相关资料。

以定时器 0 为例，在普通模式下计数器不停地累加，直至：

◇ 计到最大值(TOP = 0xFF)，数值溢出，计数器简单地返回到最小值 0x00 并重新开始。

◇ 在 TCNT0 为零的同一个定时器时钟里，T/C 溢出标志 TOV0 置位。

◇ TOV0 有点像第 17 位，只能置位，不会清零。

◇ 由于定时器中断服务程序能够自动清零 TOV0，因此可通过软件提高定时器的分辨率。

◇ 在普通模式下用户可以随时写入新的计数器数值。

如果定时时间太长，必须使用定时器溢出中断或预分频器来扩展定时范围。

3.6.3 定时器寄存器

定时器寄存器是与定时器有关的寄存器。以定时器 0 为例，计数寄存器 TCNT0 的各位定义如表 3-20 所示。

表 3-20 寄存器 TCNT0 定义

Bit	7	6	5	4	3	2	1	0
名称	TCNT0							
读写	R/W	R/W	R/W	R/W	R/W	R/W	R/W	R/W
初始值	0	0	0	0	0	0	0	0

输出比较寄存器 OCR0 的各位定义如表 3-21 所示。

表 3-21 寄存器 OCR0 定义

Bit	7	6	5	4	3	2	1	0
名称	OCR0							
读写	R/W	R/W	R/W	R/W	R/W	R/W	R/W	R/W
初始值	0	0	0	0	0	0	0	0

8 位寄存器 OCR0 中的数据用于与寄存器 TCNT0 中的计数值进行匹配比较。在 T/C0 运行期间，比较匹配单元一直将寄存器 TCNT0 的计数值与寄存器 OCR0 的内容进行比较，一旦 TCNT0 的计数值与 OCR0 的数值匹配相等，将产生一个中断申请或改变 OCR0 的输出电平。

定时/计数器中断屏蔽寄存器 TIMSK 的各位定义如表 3-22 所示。

表 3-22 寄存器 TIMSK 定义

Bit	7	6	5	4	3	2	1	0
名称	OCIE2	TOIE2	TICIE1	OCi1A	OCIE1B	TOIE1	OCIE0	TOIE0
读写	R/W	R/W	R/W	R/W	R/W	R/W	R/W	R/W
初始值	0	0	0	0	0	0	0	0

涉及定时器的相关位定义如表 3-23 所示。

表 3-23　相关位定义

位名称	说　明
OCIE2	定时器 2 输出比较匹配中断允许标志
OCIE0	定时器 0 输出比较匹配中断允许标志
TOIE2	定时器 2 溢出中断允许标志
TOIE0	定时器 0 溢出中断允许标志

定时器中断标志寄存器 TIFR 的各位定义如表 3-24 所示。

表 3-24　寄存器 TIFR 定义

Bit	7	6	5	4	3	2	1	0
名称	OCF2	TOV2	ICF1	OCF1A	OCF1B	TOV1	OCF0	TOV0
读写	R/W	R/W	R/W	R/W	R/W	R/W	R/W	R/W
初始值	0	0	0	0	0	0	0	0

涉及定时器的相关位定义如表 3-25 所示。

表 3-25　相关位定义

位名称	说　明
OCF2	定时器 2 比较匹配输出的中断标志位
OCF0	定时器 0 比较匹配输出的中断标志位
TOV2	定时器 2 溢出中断标志位
TOV0	定时器 0 溢出中断标志位

定时器控制寄存器 TCCR0 的各位定义如表 3-26 所示。

表 3-26　寄存器 TCCR0 定义

Bit	7	6	5	4	3	2	1	0
名称	FOC0	WGM00	COM01	COM00	WGM01	CS02	CS01	CS00
读写	R/W	R/W	R/W	R/W	R/W	R/W	R/W	R/W
初始值	0	0	0	0	0	0	0	0

涉及定时器的相关位定义如表 3-27 所示。

表 3-27　相关位定义

位名称	说　明
FOC0	强制输出比较位，非 PWM 模式下有效
WGM0[1:0]	波形发生模式位
COM0[1:0]	比较匹配输出方式
CS0[2:0]	时钟源选择

波形产生模式的相关定义如表 3-28 所示。

表 3-28 波形产生模式定义

模式	WGM01	WGM00	工作模式	计数上限	OCR0 更新	TOV0 更新
0	0	0	普通模式	0xFF	立即	0xFF
1	0	1	PWM 相位可调	0xFF	0xFF	0x00
2	1	0	CTC 模式	OCR0	立即	0xFF
3	1	1	快速 PWM	0xFF	0xFF	0xFF

普通模式和非 PWM 模式(WGM=0，2)下的 COM0 位功能定义如表 3-29 所示。

表 3-29 COM0 位功能定义

COM01	COM00	说　明
0	0	PB3 为通用 I/O 引脚(OC0 与引脚不连接)
0	1	比较匹配时，触发 OC0(OC0 为源 OC0 的取反)
1	0	比较匹配时，清零 OC0
1	1	比较匹配时，置位 OC0

快速 PWM 模式(WGM0=3)下的 COM0 位功能定义如表 3-30 所示。

表 3-30 COM0 位功能定义

COM01	COM00	说　明
0	0	PB3 为通用 I/O 引脚(OC0 与引脚不连接)
0	1	保留
1	0	比较匹配时，清零 OC0；计数值为 0xFF 时，置位 OC0
1	1	比较匹配时，置位 OC0；计数值为 0xFF 时，清零 OC0

相位可调 PWM 模式(WGM=1)下的 COM0 位功能定义如表 3-31 所示。

表 3-31 COM0 位功能定义

COM01	COM00	说　明
0	0	PB3 为通用 I/O 引脚(OC0 与引脚不连接)
0	1	保留
1	0	向上计数过程中比较匹配时，清零 OC0 向下计数过程中比较匹配时，置位 OC0
1	1	向上计数过程中比较匹配时，置位 OC0 向下计数过程中比较匹配时，清零 OC0

定时器 0 的时钟源选择如表 3-32 所示。

表 3-32 时钟源选择

CS02	CS01	CS00	说　明
0	0	0	无时钟源(停止定时器)
0	0	1	CLKtos(不经过分频器)
0	1	0	CLKtos/8(来自分频器)
0	1	1	CLKtos/64(来自分频器)
1	0	0	CLKtos/256(来自分频器)
1	0	1	CLKtos/1024(来自分频器)
1	1	0	外部 T0 引脚，下降沿驱动
1	1	1	外部 T0 引脚，上升沿驱动

3.6.4　定时器程序设计

定时器常用作周期性事务的处理和操作,下述内容用于实现描述 3.D.3,即使用定时器 1 的溢出中断实现 1 秒定时驱动 LED 闪烁。

1. 选择定时器

当 AVR 单片机晶振为 8MHz(十进制),计数器的时钟源为内部时钟时,需要计数 8 000 000 个时钟周期才能达到定时 1 秒一次溢出的功能,显然大大超过了计数器的计数范围。实践中采用预分频器进行分频,以 256 分频为例,则需要的时钟周期为

$$8000000/256=31250$$

若 16 位的计数器 1 的计数范围为 0～65 535(0xffff),则可以达到要求。本例中可选定时器 1。

2. 计算计数值

由于普通模式下定时器计数到 0xffff 即产生中断,并翻转到 0x0000 开始计数,则需要每次溢出后改变定时器的计数初值,以便使其每次计数 31250 后产生溢出中断。更改定时器 1 的计数初值可使用如下语句:

$$TCNT1 =0xffff-31250;$$

使用计算的形式可以提高程序的可读性及避免计算错误,修改起来也方便。

3. 定时器初始化

出于模块化的设计要求,定时器相关的配置可封装成子函数 TIM_Config(),具体源码如下:

【描述 3.D.3】TIM_Config()

```
/*************** 定时器初始化函数 ***************/
void TIM_Config(void)
{
    //配置时钟为 clkio/256
    TCCR1B &=~((1<<CS11)|(1<<CS10));
    TCCR1B |=(1<<CS12);
    //配置计数初值
    TCNT1 =0xffff-31250;
    //开启定时器 1 溢出中断
    TIMSK |=(1<<TOIE1);
}
```

4. 主函数编写

主函数 main()存放在 main.c 文件中,除了相关初始化函数和主循环外,还要定义一些必需的宏定义和头文件等,详细代码清单如下:

【描述 3.D.3】main.c

```
/****************** 宏定义 ******************/
```

```
//开启 iom16.h 文件中的 bit 模式
#define    ENABLE_BIT_DEFINITIONS 1

/****************** 头文件 ******************/

//IAR 中已定义的 ATmega16 相关寄存器名称
#include <iom16.h>

/****************** 子函数 ******************/

//LED 初始化函数，代码请参考描述 3.D.1
void LED_Config(void);
//定时器初始化函数
void TIM_Config(void);

/****************** 主函数 ******************/
void main(void)
{
    //LED 初始化函数
    LED_Config();
    //TIM 初始化函数
    TIM_Config();

    //开总中断
    SREG   |= (1<<7);

    while(1)
    {
    //等待中断
    }
}
```

5. 中断服务函数

中断服务程序用于处理外部中断的相关事务，本例中需要将 LED 的显示状态进行翻转，详细代码清单如下：

【描述 3.D.3】 TIMER1_ov()

```
/*************** 中断服务函数 ***************/

//定时器 1 溢出中断服务函数
#pragma vector = TIMER1_OVF_vect
__interrupt void TIMER1_ov(void)
{
```

```
//重置计数初值
TCNT1 =0xffff-31250;
//每次进中断，LED 状态翻转一次
if(PORTC&(1<<PC7))
{
        PORTC &= ～(1<<PC7);
}
else
{
        PORTC |= (1<<PC7);
}
}
```

运行上述程序后，观察开发板，将看到 LED 以 1 秒钟改变一次亮灭的状态进行闪烁。

3.7 AVR USART

AVR 中集成了一个增强型的串行接口，简称 USART(Universal Synchronous and Asynchronous serial Receiver and Transimitter，通用同步异步串行收发器)。该接口在嵌入式系统中一直是重要的应用接口，它不仅可以应用于板级芯片之间的通信，而且更多地应用在实现系统之间的通信和系统调试中。

3.7.1 USART 结构

ATmega16A 中集成了一个全双工通用同步/异步串行收发模块 USART，其原理图如图 3-11 所示。

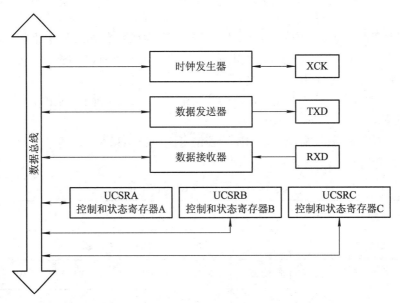

图 3-11 USART 原理图

USART 收发模块分为三大部分：时钟发生器、数据发送器和数据接收器。其各自功能如下：

◇ 时钟发生器主要为发送器和接收器提供基本的时钟。USART 支持四种时钟工作模式：普通异步模式、双倍速异步模式、主机同步模式和从机同步模式。

◇ 数据发送器将 MCU 内部的并行数据根据串口波特率串行逐位送出。

◇ 数据接收器将外部收到的串行数据根据波特率逐位送入 MCU 并存储。

整个 USART 模块受 UCSRA、UCSRB 和 UCSRC 三个寄存器的控制。

3.7.2 USART 寄存器

USART 数据寄存器 UDR 的各位定义如表 3-33 所示。

表 3-33　寄存器 UDR 定义

Bit	7	6	5	4	3	2	1	0
名称	RXB[7:0] UDR 读 TXB[7:0] UDR 写							
读写	R/W	R/W	R/W	R/W	R/W	R/W	R/W	R/W
初始值	0	0	0	0	0	0	0	0

UDR 寄存器实际上由两个物理上分离的寄存器 RXB、TXB 构成，它们使用相同的 I/O 地址：

◇ 写 UDR 的操作，是将发送的数据写入到寄存器 TXB 中。

◇ 读 UDR 的操作，读取的是接收寄存器 RXB 的内容。

当设定使用 5、6 或 7 位的数字帧时，高位未用到的位在发送时被忽略，在接收时由硬件自动清零。

只有在 UCSRA 寄存器中的 UDRE 为 1 时(数据寄存器空)，UDR 才能被写入，否则写入的数据将被 USART 忽略。在发送使能情况下，写入 UDR 的数据将进入发送器的移位寄存器，由引脚 TXD 串行移出。

USART 控制和状态寄存器 UCSRA 的各位定义如表 3-34 所示，其中每一位的具体含义如表 3-35 所示。

USART 控制和状态寄存器 UCSRB 的各位定义如表 3-36 所示，其中每一位的具体含义如表 3-37 所示。

表 3-34　寄存器 UCSRA 定义

Bit	7	6	5	4	3	2	1	0
名称	RXC	TXC	UDRE	FE	DOR	PE	U2X	MPCM
读写	R/W	R/W	R/W	R/W	R/W	R/W	R/W	R/W
初始值	0	0	1	0	0	0	0	0

表 3-35　位　含　义

位	名称	说　明
RXC	USART 接收结束	接收缓冲器中有未读出的数据时 RXC 置位,否则清零。接收器禁止时,接收缓冲器被刷新,导致 RXC 清零。RXC 标志可用来产生接收结束中断
TXC	USART 发送结束	发送移位缓冲器中的数据被送出,且当发送缓冲器(UDR)为空时 TXC 置位。执行发送结束中断时 TXC 标志自动清零,也可以通过写 1 进行清除操作。TXC 标志可用来产生发送结束中断
UDRE	USART 数据寄存器空	UDRE 标志指出发送缓冲器(UDR)是否准备好接收新数据。UDRE 为 1 说明缓冲器为空,已准备好进行数据接收。UDRE 标志可用来产生数据寄存器空中断。复位后 UDRE 置位,表明发送器已经就绪
FE	帧错误	如果接收缓冲器接收到的下一个字符有帧错误,即接收缓冲器中的下一个字符的第一个停止位为 0,那么 FE 置位。这一位一直有效到接收缓冲器(UDR)被读取。当接收到的停止位为 1 时,FE 标志为 0。对 UCSRA 进行写入时,这一位要写 0
DOR	数据溢出	数据溢出时 DOR 置位。当接收缓冲器满(包含了两个数据),接收移位寄存器又有数据,若此时检测到一个新的起始位,就产生数据溢出。这一位一直有效到接收缓冲器(UDR)被读取。对 UCSRA 进行写入时,这一位要写 0
PE	奇偶校验错误	当奇偶校验使能(UPM1=1),且接收缓冲器中所接收到的下一个字符有奇偶校验错误时,UPE 置位。这一位一直有效到接收缓冲器(UDR)被读取。对 UCSRA 进行写入时,这一位要写 0
U2X	倍速发送	这一位仅对异步操作有影响。使用同步操作时将此位清零。此位置 1 可将波特率分频因子从 16 降到 8,从而有效地将异步通信模式的传输速率加倍
MPCM	多处理器通信模式	设置此位将启动多处理器通信模式。MPCM 置位后,USART 接收器接收到的那些不包含地址信息的输入帧都将被忽略。发送器不受 MPCM 设置的影响

表 3-36　寄存器 UCSRB 定义

Bit	7	6	5	4	3	2	1	0
名称	RXCIE	TXCIE	UDRIE	RXEN	TXEN	UCSZ2	RXB8	TXB8
读写	R/W	R/W	R/W	R/W	R/W	R/W	R/W	R/W
初始值	0	0	0	0	0	0	0	0

表 3-37 位 含 义

位	名称	说 明
RXCIE	接收结束中断 使能	置位后使能 RXC 中断。当 RXCIE 为 1，全局中断标志位 SREG 置位，UCSRA 寄存器的 RXC 亦为 1 时，可以产生 USART 接收结束中断
TXCIE	发送结束中断 使能	置位后使能 TXC 中断。当 TXCIE 为 1，全局中断标志位 SREG 置位，UCSRA 寄存器的 TXC 亦为 1 时，可以产生 USART 发送结束中断
UDRIE	数据寄存器空 中断使能	置位后使能 UDRE 中断。当 UDRIE 为 1，全局中断标志位 SREG 置位，UCSRA 寄存器的 UDRE 亦为 1 时，可以产生 USART 数据寄存器空中断
RXEN	接收使能	置位后将启动 USART 接收器。RxD 引脚的通用端口功能被 USART 功能所取代。禁止接收器将刷新接收缓冲器，并使 FE、DOR 及 PE 标志无效
TXEN	发送使能	置位后将启动 USART 发送器。TxD 引脚的通用端口功能被 USART 功能所取代。TXEN 清零后，只有等到所有的数据发送完后，发送器才能够真正禁止，即发送移位寄存器与发送缓冲寄存器中没有要传送的数据。发送器禁止后，TxD 引脚恢复其通用 I/O 功能
UCSZ2	字符长度	UCSZ2 与 UCSRC 寄存器的 UCSZ[1:0]结合在一起可以设置数据帧所包含的数据位数(字符长度)
RXB8	接收数据位 8	对 9 位串行帧进行操作时，RXB8 是第 9 个数据位。读取 UDR 包含的低位数据之前首先要读取 RXB8
TXB8	发送数据位 8	对 9 位串行帧进行操作时，TXB8 是第 9 个数据位。写 UDR 之前首先要对它进行写操作

USART 控制和状态寄存器 UCSRC 的各位定义如表 3-38 所示,其中每一位的具体含义如表 3-39 所示。

表 3-38 寄存器 UCSRC 定义

Bit	7	6	5	4	3	2	1	0
名称	URSEL	UMSEL	UPM1	UPM0	USBS	UCSZ1	UCSZ0	UCPOL
读写	R/W	R/W	R/W	R/W	R/W	R/W	R/W	R/W
初始值	0	0	0	0	0	0	0	0

表 3-39 位 含 义

位	名称	说 明
URSEL	寄存器选择	通过该位选择访问 UCSRC 寄存器或 UBRRH 寄存器。当读 UCSRC 时，URSEL 为 1；当写 UCSRC 时，URSEL 为 1
UMSEL	USART 模式选择	选择同步或异步工作模式。置位时为同步模式，清零时为异步模式
UPM[1:0]	奇偶校验模式	这两位设置奇偶校验的模式并使能奇偶校验。如果使能奇偶校验，那么在发送数据时，发送器会自动产生并发送奇偶校验位。对每一个接收到的数据，接收器都会产生一奇偶值，并与 UPM0 所设置的值进行比较。如果不匹配，那么就将 UCSRA 中的 PE 置位

位	名称	说　　明
USBS	停止位选择	通过这一位可以设置停止位的位数。接收器忽略这一位的设置。置位时为 2 位停止位，清零时为 1 位停止位
UCSZ[1:0]	字符长度	UCSZ2 与 UCSRC 寄存器的 UCSZ[1:0]结合在一起可以设置数据帧所包含的数据位数(字符长度)
UCPOL	时钟极性	这一位仅用于同步工作模式。使用异步模式时，将这一位清零。UCPOL 设置了输出数据的改变和输入数据采样，以及同步时钟 XCK 之间的关系

UPM 设置涉及两位，具体定义如表 3-40 所示。

表 3-40　UPM 设置

UPM1	UPM0	说　　明
0	0	禁止校验
0	1	保留
1	0	偶校验
1	1	奇校验

UCSZ 设置涉及三位，具体定义如表 3-41 所示。

表 3-41　UCSZ 设置

UCSZ2	UCSZ1	UCSZ0	说　　明
0	0	0	5 位
0	0	1	6 位
0	1	0	7 位
0	1	1	8 位
1	0	0	保留
1	0	1	保留
1	1	0	保留
1	1	1	5 位

USART 波特率寄存器 UBRRL 和 UBRRH 的设置如表 3-42 所示。

表 3-42　寄存器 UBRRL 和 UBRRH 设置

Bit	15	14	13	12	11	10	9	8
名称	URSEL	—	—	—	UBRR[11:8](UBRRH)			
读写	R/W	R	R	R	R/W	R/W	R/W	R/W
初始值	0	0	0	0	0	0	0	0
Bit	7	6	5	4	3	2	1	0
名称	UBRR[7:0](UBRRL)							
读写	R/W	R/W	R/W	R/W	R/W	R/W	R/W	R/W
初始值	0	0	0	0	0	0	0	0

12 位的 USART 波特率寄存器包含了 USART 的波特率信息。其中，UBRRH 包含了 USART 波特率的高 4 位，UBRRL 包含了低 8 位。波特率的改变将造成正在进行的数据传输受到破坏。写 UBRRL 将立即更新波特率分频器。

对标准晶振及谐振器频率来说，异步模式下最常用的波特率可通过寄存器 UBRR 的设置来产生。波特率与目标波特率的偏差不应超过 0.5%，更高的误差虽然也可以接受，但发送器的抗噪性会降低，特别是需要传输大量数据时。以常用的 8MHz 晶振和 7.3728MHz 晶振为例，其波特率和误差表如表 3-43 所示。

表 3-43 波特率和误差表

波特率 b/s	8MHz 晶振				7.3728MHz 晶振			
	U2X = 0		U2X = 1		U2X = 0		U2X = 1	
	UBRR	误差	UBRR	误差	UBRR	误差	UBRR	误差
2400	207	0.2%	416	−0.1%	191	0.0%	383	0.0%
4800	103	0.2%	207	0.2%	95	0.0%	191	0.0%
9600	51	0.2%	103	0.2%	47	0.0%	95	0.0%
14.4k	34	−0.8%	68	0.6%	31	0.0%	63	0.0%
19.2k	25	0.2%	51	0.2%	23	0.0%	47	0.0%
28.8k	16	2.1%	34	−0.8%	15	0.0%	31	0.0%
38.4k	12	0.2%	25	0.2%	11	0.0%	23	0.0%
57.6k	8	−3.5%	16	2.1%	7	0.0%	15	0.0%
76.8k	6	−7.0%	12	0.2%	5	0.0%	11	0.0%
115.2k	3	8.5%	8	−3.5%	3	0.0%	7	0.0%
230.4k	1	8.5%	3	8.5%	1	0.0%	3	0.0%
250k	1	0.0%	3	0.0%	1	−7.8%	3	−7.8%
0.5M	0	0.0%	1	0.0%	0	−7.8%	1	−7.8%
1M	—	—	0	0.0%	—	—	0	−7.8%
最大	0.5 Mb/s		1 Mb/s		460.8 kb/s		921.6 kb/s	

3.7.3 USART 程序设计

USART 接口经过电平转换后，常用作与 PC 的通信。下述内容用于实现描述 3.D.4，即配置 USART 波特率为 115 200，使用中断法对 PC 发来的数据进行回显，并驱动 LED 状态翻转。

1. USART 配置

出于模块化的设计要求，USART 相关的配置可封装成子函数 USART_Config()，具体源码如下：

【描述 3.D.4】USART_Config()

```
/*************** USART 初始化函数 ***************/
void USART_Config(void)
```

```
{
    //USART 倍速发送
    UCSRA |=(1<<U2X);

    //选择 UCSRC 寄存器，字符长度 8 位
    UCSRC |=((1<<URSEL)|(1<<UCSZ1)|(1<<UCSZ0));
    //异步模式，无检验，1 位停止位
    UCSRC &=~((1<<UMSEL)|(1<<UPM1)|(1<<UPM0)|(1<<USBS));

    //选择 UBRRH 寄存器
    UBRRH &=~(1<<URSEL);

    //晶振 7.3728，波特率 115200
    UBRRH =0;
    UBRRL =7;

    //接收中断使能
    UCSRB |=(1<<RXCIE);
    //USART 接收和发送使能
    UCSRB |=((1<<RXEN)|(1<<TXEN));
}
```

2. 主函数编写

主函数 main()存放在 main.c 文件中，除了相关初始化函数和主循环外，还要定义一些必需的宏定义和头文件等，详细代码清单如下：

【描述 3.D.4】main.c

```
/******************** 宏定义 ********************/

//开启 iom16.h 文件中的 bit 模式
#define   ENABLE_BIT_DEFINITIONS 1

/******************** 头文件 ********************/

//IAR 中已定义的 ATmega16 相关寄存器名称
#include <iom16.h>

/******************** 子函数 ********************/

//LED 初始化函数，代码请参考描述 3.D.1
```

```
    void LED_Config(void);
    //USART 初始化函数
    void USART_Config(void);

/****************** 主函数 ******************/
    void main(void)
    {
        //LED 初始化函数
        LED_Config();
        //USART 初始化函数
        USART_Config();

        //开总中断
        SREG    |= (1 << 7);

        while(1)
        {
        //等待中断
        }
    }
```

3. 中断服务函数

中断服务程序用于处理外部中断的相关事务，本例中需要将 USART 收到的数据原样返回，进行回显，并驱动 LED 的显示状态进行翻转，详细代码清单如下：

【描述 3.D.4】USART_RX()

```
/*************** 中断服务函数 ***************/
    //USART 接收中断服务函数
    #pragma vector = USART_RXC_vect
    __interrupt void USART_RX(void)
    {
        char cn;

        //缓存 USART 接收到的数据
        cn =UDR;
        //将缓存的数据发送，进行回显
        UDR =cn;

        //每次进中断，LED 状态翻转一次
        if(PORTC&(1<<PC7))
```

```
        {
            PORTC &=  ～(1<<PC7);
        }
        else
        {
            PORTC |= (1<<PC7);
        }
    }
```

连接好串口线后运行程序，AVR 的串口将收到的字符送回到超级串口上，如果发送的字符为"1234567"，则回显字符如图 3-12 所示。同时，LED 会根据收到的字符数目进行闪烁。

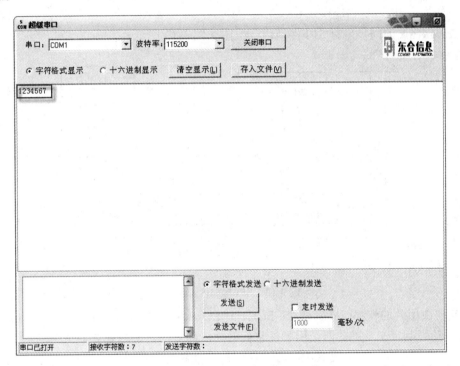

图 3-12   串口回显数据

3.8 AVR SPI

串行外设接口(Serial Perpheral Interface，SPI)是摩托罗拉公司开发的全双工同步串行总线。该总线主要用于近距离低速的同步串行数据传输，如 EEPROM、FLASH、晶屏和 SD 卡等器件。

AVR 的 SPI 是采用硬件方式实现面向字节的全双工三线同步通信接口，它支持主机、从机模式及四种不同传输模式的 SPI 时序，通信速率有 7 种选择。同时，AVR 内部的 SPI 接口也被用作对芯片内部的程序存储器和数据 EEPROM 的编程下载口。

3.8.1 SPI 结构

ATmega16A 的同步串行 SPI 接口允许在芯片与外设或几个 AVR 之间，采用与标准 SPI 接口协议兼容的方式进行高速的同步数据传输，其主要特征如下：

- 全双工、三线同步数据传输。
- 可选择的主/从操作模式。
- 数据传送时，可选择 LSB(低位在前)方式或 MSB(高位在前)方式。
- 7 种可编程的比特率。
- 传输结束中断标志。
- 写碰撞标志检测。
- 可以从闲置模式唤醒。
- 作为主机时具有倍速模式(CK/2)。

ATmega16A 的同步串行 SPI 接口内部框图如图 3-13 所示。

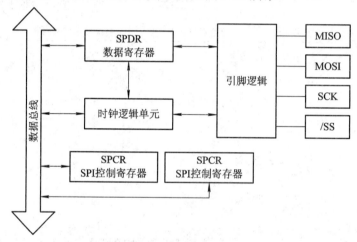

图 3-13　SPI 接口内部框图

SPI 模块用到的外部引脚有四个：SCK、MISO、MOSI 和/SS。当使能 SPI 接口后，AVR 并没有自动强制定义全部的四个引脚，它们的功能和方向定义如表 3-44 所示。

表 3-44　SPI 模块的功能和方向定义

引脚	主机方向	从机方向
SCK(PB7)	用户定义	输入
MISO(PB6)	输入	用户定义
MOSI(PB5)	用户定义	输入
/SS(PB4)	用户定义	输入

很多具有兼容 SPI 接口的芯片并不完全按照标准方式使用所有的 SPI 信号线。为了方便与这些器件相连接，同时节省 I/O 口的使用，AVR 的 SPI 模块并没有强制定义所有四个引脚的功能方向。在实际使用时，用户应根据需要对这些引脚正确地进行设置。另外，对输入引脚，应通过设置相应位使能内部的上拉电阻，以节省总线上外接的上拉电阻。

3.8.2　SPI 工作模式

AVR 的 SPI 接口传输过程分主机和从机两种模式。

在主机模式下，用户通过向 SPDR 寄存器写入数据来启动一次传输过程。

◇　硬件电路将自动启动时钟发生器，将 SPDR 中的数据逐位移出至 MOSI 引脚，同时对 MISO 引脚采样，并逐位将采样结果移入 SPDR。

◇　当 1 字节数据传输完后，SPI 时钟发生器停止，并置位中断标志 SPIF。

◇　若还有数据需要传输，此时可继续写入 SPDR，启动新一轮传输过程。

◇　最后移入 SPDR 的数据将被保留。

在主机模式下，SPI 硬件电路并不控制/SS 引脚，通常情况下用户应将其配置为输入引脚，按照 SPI 协议的方式手动操作/SS，即在开始传输前将其拉低，在传输结束后，再将其抬高。如果在主机模式下将/SS 配置为输入，则可用于可能出现总线竞争的 SPI 系统中。

在从机模式下，/SS 引脚被硬件设置为输入，由外部输入信号通过该引脚来控制 SPI 模块的运行。

◇　当该引脚被拉高时，MISO 和 SCK 为高阻态，SPI 接口休眠，不会响应外部 SPI 总线上的信号，此时用户可以安全地写入或读取 SPDR 的内容。

◇　当/SS 引脚被拉低时，SPI 传输过程启动，SPDR 中的数据在外部 SCK 的作用下移出。

◇　当 1 字节数据传输完后，中断标志 SPIF 置位，最后移入 SPDR 的数据也将保留。

3.8.3　SPI 寄存器

SPI 控制寄存器 SPCR 的各位定义如表 3-45 所示。

表 3-45　SPCR 位定义

Bit	7	6	5	4	3	2	1	0
名称	SPIE	SPE	DORD	MSTR	CPOL	CPHA	SPR1	SPR0
读写	R/W	R/W	R/W	R/W	R/W	R/W	R/W	R/W
初始值	0	0	0	0	0	0	0	0

寄存器 SPCR 的各位定义说明如表 3-46 所示。

表 3-46　位定义说明

位	名称	说　　明
SPIE	使能 SPI 中断	置位后，只要 SPSR 寄存器的 SPIF 和 SREG 寄存器的全局中断使能位置位，就会引发 SPI 中断
SPE	使能 SPI	SPE 置位使能 SPI。进行任何 SPI 操作之前必须置位 SPE
DORD	数据次序	DORD 置位时数据的 LSB 首先发送；否则数据的 MSB 首先发送
MSTR	主/从选择	MSTR 置位时选择主机模式，否则为从机。如果 MSTR 为 "1"，SS 配置为输入，但被拉低，则 MSTR 被清零，寄存器 SPSR 的 SPIF 置位。用户必须重新设置 MSTR 进入主机模式
CPOL	时钟极性	CPOL 置位表示空闲时 SCK 为高电平；否则空闲时 SCK 为低电平
CPHA	时钟相位	CPHA 决定数据是在 SCK 的起始沿采样还是在 SCK 的结束沿采样
SPR1	SPI 时钟速率选择 1	确定主机的 SCK 速率。SPR1 和 SPR0 对从机没有影响
SPR0	SPI 时钟速率选择 0	

SCK 和振荡的时钟频率 fosc 关系如表 3-47 所示。

表 3-47　SCK 和振荡器时钟频率的关系

SPI2X	SPR1	SPR0	SCK 频率
0	0	0	fosc/4
0	0	1	fosc/16
0	1	0	fosc/64
0	1	1	fosc/128
1	0	0	fosc/2
1	0	1	fosc/8
1	1	0	fosc/32
1	1	1	fosc/64

SPI 状态寄存器 SPSR 的各位定义如表 3-48 所示。

表 3-48　寄存器 SPSR 位定义

Bit	7	6	5	4	3	2	1	0
名称	SPIF	WCOL	—	—	—	—	—	SPI2X
读写	R/W	R/W	R	R	R	R	R	R/W
初始值	0	0	0	0	0	0	0	0

SPSR 各位定义说明如表 3-49 所示。

表 3-49　位定义说明

位	名称	说　明
SPIF	SPI 中断标志	置位后，只要 SPSR 寄存器的 SPIF 和 SREG 寄存器的全局中断使能位置位，就会引发 SPI 中断
WCOL	写碰撞标志	在发送中对 SPI 数据寄存器 SPDR 写数据将置位 WCOL。WCOL 可以通过先读 SPSR，紧接着访问 SPDR 来清零
SPI2X	SPI 倍速	置位后 SPI 的速度加倍。若为主机，则 SCK 频率可达 CPU 频率的一半；若为从机，只能保证 $f_{osc}/4$

SPI 数据寄存器 SPDR 的各位详细定义如表 3-50 所示。

表 3-50　寄存器 SPDR 位定义

Bit	7	6	5	4	3	2	1	0
名称	MSB							LSB
读写	R/W	R/W	R/W	R/W	R/W	R/W	R/W	R/W
初始值	NA	NA	NA	NA	NA	NA	NA	NA

SPI 数据寄存器为读/写寄存器，用于在寄存器文件和 SPI 移位寄存器之间传输数据。写寄存器将启动数据传输，读寄存器将读取寄存器的接收缓冲器。

相对于串行数据，SCK 的相位和极性有四种组合，即 CPHA 和 CPOL 控制组合的方式。每一位数据的移出和移入发生于 SCK 不同的信号跳变沿，以保证有足够的时间使数据稳定。SCK 的相位和极性如表 3-51 所示。

表 3-51 SCK 相位和极性

CPOL	CPHA	起始沿	结束沿	SPI 模式
0	0	采样(上升沿)	采样(下降沿)	0
0	1	设置(上升沿)	采样(下降沿)	1
1	0	采样(下降沿)	采样(上升沿)	2
1	1	采样(下降沿)	采样(上升沿)	3

3.8.4 SPI 配置

SPI 相关管脚和工作方式的配置可封装成子函数 SPI_Config()，具体源码如下：

【实例 3-1】SPI_Config()

```
/**************** SPI 初始化函数 ****************/
void SPI_Config(void)
{
    //配置 SPI 管脚，MOSI、SCK 和 SS 为输出
    DDRB |= ((1<<PB4)|(1<<PB5)|(1<<PB7));
    //配置 MISO 为输入
    DDRB &= ～(1<<PB6);

    //MSB 首先发送，空闲 SCK 为低，起始沿采样，时钟速率为 fosc/4
    SPCR &=～((1<<DORD)|(1<<SPR1)|(1<<SPR0)|(1<<CPOL)|(1<<CPHA));
    //SPI 倍速
    SPSR &=～(1<<SPI2X);

    //SPI 中断使能，SPI 使能，主模式使能
    SPCR |=((1<<SPIE)|(1<<SPE)|(1<<MSTR));
}
```

小 结

通过本章的学习，读者应该能够掌握：

◆ 从电路上来看，阅读器是一个嵌入式系统，主要组成部分有 MCU 及外围电路、收发通道和天线。

◆ 利用 Atmel 公司的 Flash 新技术，共同研发出 RISC 精简指令集高速 8 位单片机 (AVR)。

◆ AVR 单片机的运行需要有时钟的驱动，而时钟源的选择需要设置相关熔丝位。

◆ 在 AVR 内部有多组与器件配置和运行环境相关的熔丝位，这些熔丝位非常重要。

用户可以通过设定和配置熔丝位，使 AVR 具备不同的特性，以更加适合实际的应用。

◆ ATmega16A 有四组通用 I/O 端口，分别为 PORTA、PORTB、PORTC 和 PORTD(PA、PB、PC 和 PD)。

◆ AVR 一般拥有数十个中断源，每个中断源都有独立的中断向量。

◆ ATmega16A 配置了两个 8 位和一个 16 位共三个定时器。它们是 8 位的定时器 T/C0 及 T/C2 和 16 位的 T/C1。

◆ ATmega16A 中集成了一个全双工通用同步/异步串行收发模块 USART。

◆ AVR 的 SPI 是采用硬件方式实现面向字节的全双工三线同步通信接口，它支持主机、从机模式及四种不同传输模式的 SPI 时序。

 习 题

1．从电路上来看，以下不属于阅读器组成部分的有_____。

A. MCU B. 充电器 C. 天线 D. 射频收发

2．_____不属于 AVR 单片机的特点。

A．16 位单片机 B．哈佛结构

C．作输出时可输出 40 mA D．超功能精简指令集

3．ATmega16A 共有_____个中断源。

4．ATmega16A 配置了_____个定时器，它们是_____位的定时器_____和_____位的_____。

5．简述 ATmega16A 中两种中断机制的区别。

6．简述 USART 收发模块的三大部分及其特点。

7．简述 SPI 接口中用到的四个管脚及其功能。

第 4 章　低频 RFID 阅读器设计

本章目标

- ◆ 了解 EM4095 的功能。
- ◆ 掌握 EM4095 的原理图。
- ◆ 掌握 EM4095 与 MCU 的接口。
- ◆ 掌握 EM4100 卡的特点。
- ◆ 掌握 EM4100 卡的解码方法。

学习导航

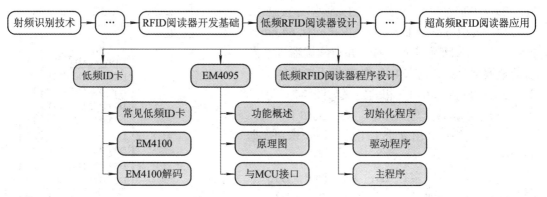

任务描述

➤ 【描述 4.D.1】

使用 AVR 通过 EM4095 读取一个 EM4100 卡的卡号。

4.1　低频 ID 卡

低频 RFID 由于频率较低，带宽有限，所以不适合传输大量数据以及数据写入。因此低频 RFID 标签通常是以 ID 卡的形式出现，即在标签中固化一串 ID 号，阅读器仅可以阅读，不能写入和更改。

ID 卡仅提供一个 ID 卡号，通常用作身份识别，更多的功能需要依赖于阅读器。阅读器读取 ID 号进行比对后，执行相关处理或者传入上位机或网络进行处理。

4.1.1 常见低频 ID 卡

低频 ID 卡通常采用无源设计，将 ID 芯片和天线封装在一起，做成卡片或标签的样式，其结构如图 4-1 所示。

常见的 ID 芯片有 EM 公司的 EM4100 及其兼容的 TK4001 系列、HID 系列和摩托罗拉的产品等。目前，市场上使用较多的为前两种，其读取方法不尽相同：

◇ EM4100 系列 ID 卡芯片可使用同一个公司配套的 EM4095 读卡芯片，方便读取其 ID 号。

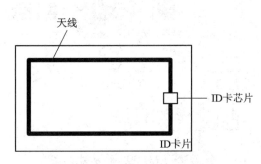

图 4-1 ID 卡结构

◇ HID 系列卡有自己的加密协议和读取方法，并且不公开，所以 EM4095 读卡芯片无法读取其 ID 号，只能使用专用 HID 类读卡器。因此本书中不详细讲解此系列卡。

⚠ 注意：本章后续章节将以 AVR 单片机为核心、EM4095 芯片为收发通道实现一个对 EM4100 系列芯片(及其兼容卡)ID 卡解码的低频 RFID 阅读器。

4.1.2 EM4100

EM4100 是 EM 公司生产的只读型非接触 ID 卡芯片，典型频率为 125 kHz，内部固化 64 bit 数据，一旦进入阅读器范围内，并与阅读器天线发出的载波耦合后，将 64 bit 的数据不断发回阅读器。EM4100 内部 64 bit 相关定义如图 4-2 所示。

64 bit 数据共分为五部分，其含义如下：

◇ 同步头：共由 9 个 1 组成，用于识别数据开始传送。

◇ 版本信息和客户 ID：共由 D00～D13 中的 8 bit 组成，分别记录版本信息和客户 ID 号。

◇ 数据：共由 D20～D93 中的 32 bit 组成，用于存储 ID 卡号。

1	1	1	1	1	1	1	1	1
D00	D01	D02	D03					P0
D10	D11	D12	D13					P1
D20	D21	D22	D23					P2
D30	D31	D32	D33					P3
D40	D41	D42	D43					P4
D50	D51	D52	D53					P5
D60	D61	D62	D63					P6
D70	D71	D72	D73					P7
D80	D81	D82	D83					P8
D90	D91	D92	D93					P9
PC0	PC1	PC2	PC3					S0

图 4-2 EM4100 内部 64 bit 相关定义

◇ 校验位。P 为每一行数据的偶校验，例如，P0 为 0 行校验，即 D00～D03 4 bit 的偶校验。PC 为每一列数据的偶校验，例如，PC0 为 D00～D90 10 bit 的偶校验。

◇ 停止位。S0 为停止位，即单 bit0。

4.1.3 EM4100 解码

对 EM4100 进行解码时，判断一帧完整数据的开始，需要判断同步头，因为数据中的行列校验会保证数据中不会连续出现 9 个 1。由于只要在阅读器范围内，EM4100 就会循环送出内部的 64bit 数据，并且最后一个停止位为数据 0。因此判断同步头的方法是当第一次读取数据时，遇到 0 至 1 的跳变开始计数，如果读到连续 9 个 1，则为同步头，从同步头往后可依次读取剩余的 bit 位。

EM4100 内部的 64 bit 数据采用时钟(典型频率为 125 kHz)64 分频的速率进行发送，每位 bit 的传送时间为：

$$(1s/125000) \times 64 = 512 \ \mu s$$

数据采用曼彻斯特码编码，即每个 bit 被分为两位传输，每两个曼彻斯特码宽度为 512 μs，如表 4-1 所示。

表 4-1　曼彻斯特码

原码	曼彻斯特码
1	10
0	01

4.2　EM4095

EM4095 是 EM 微电子公司生产的一款低频 AM 调制解调芯片，常用作低频 RFID 阅读器的模拟前端。

4.2.1　功能概述

EM4095 是一款 CMOS 芯片，与 MCU 的接口简单，在 RFID 阅读器中可用于天线驱动和调制解调。除此之外，还有如下其他特性：

- ◇　内置的 PLL 锁相环可自适应天线谐振载波。
- ◇　无需外部振荡器。
- ◇　100～150 kHz 载波频率范围。
- ◇　数据发送采用 OOK(100%AM 调幅)方式，使用桥路激励器。
- ◇　数据发送通过调幅方式，可使用单芯片通过外部调节。
- ◇　睡眠模式电流 1 μA。
- ◇　兼容 USB 供电范围。
- ◇　40℃～85℃温度范围。
- ◇　SO16 封装。

EM4095 共有 16 个引脚，其芯片引脚图如图 4-3 所示。

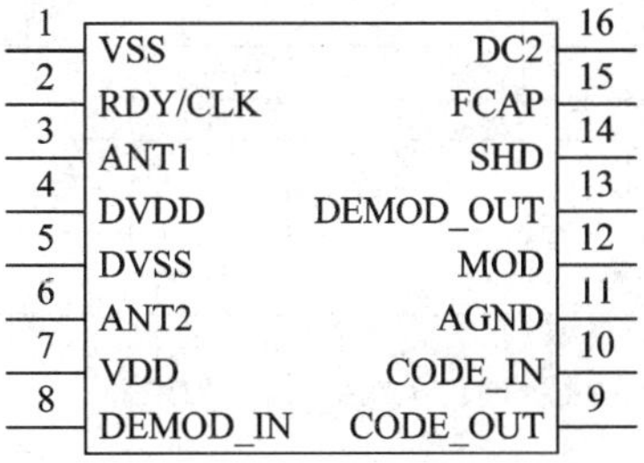

图 4-3　EM4095 引脚图

EM4095 芯片的引脚定义如表 4-2 所示。

表 4-2　EM4095 芯片的引脚定义

管脚	名称	描　　述	类型
1	VSS	电源地	地
2	RDY/CLK	就绪标志和时钟输出，AM 调幅驱动	输出
3	ANT1	天线驱动	输出
4	DVDD	天线驱动正电源	电源
5	DVSS	天线驱动负电源	地
6	ANT2	天线驱动	输出
7	VDD	正电源	电源
8	DEMOD_IN	天线探测电压	模拟信号
9	CDEC_OUT	DC 电容输出	模拟信号
10	CDEC_IN	DC 电容输入	模拟信号
11	AGND	模拟地	模拟信号
12	MOD	天线高电平调制	上拉输入
13	DEMOD_OUT	数字解调数据输出	输出
14	SHD	高电平驱动电流进入休眠态	上拉输入
15	FCAP	PLL 滤波电容	模拟信号
16	DC2	DC 去耦电容	模拟信号

4.2.2　原理图

EM4095 内部结构比较简单，其原理图如图 4-4 所示。

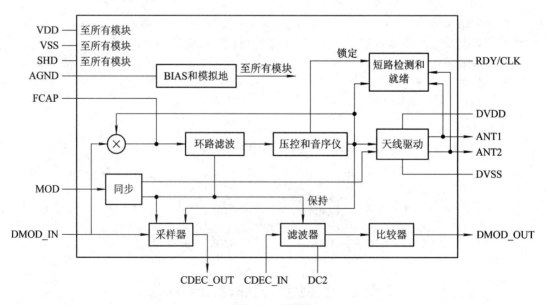

图 4-4　原理图

1. SHD

EM4095 的引脚 SHD 和 MOD 用来操作设备，SHD 的功能如下：

◇ 当 SHD 为高电平时，EM4095 为睡眠模式，电流消耗最小。在上电时，SHD 输入必须是高电平，用来使能正确的初始化操作。

◇ 当 SHD 为低电平时，回路允许发射射频信号，并开始对天线上的振幅调制信号进行解调。

2. MOD

引脚 MOD 是用来对 125 kHz 射频信号进行调制的，其功能如下：

◇ 在 MOD 引脚上施加高电平时，会阻塞天线驱动，并关掉电磁场。

◇ 在 MOD 引脚上施加低电平时，会使片上 VCO 进入自由运行模式，天线上将出现没有经过调制的 125 kHz 的载波。

EM4095 用作只读模式，引脚 MOD 没有使用，推荐将它连接至 VSS。

3. 锁相环

锁相环由环路滤波、采样器和比较模块等组成。通过使用外部电容分压，DEMOD_IN 引脚上得到天线上真实的高电压。这个信号的相位和驱动天线驱动器信号的相位进行比较。所以锁相环可以将载波频率锁定在天线的谐振频率上。

根据天线种类的不同，系统的谐振频率可以在 100～150 kHz 的范围内。当谐振频率在这一范围内的时候，它就会被锁相环锁定。

4. DEMOD_IN

DEMOD_IN 引脚作接收链路的输入信号。接收模块解调的输入信号是天线上的电压信号。DEMOD_IN 输入信号的级别应该低于 VDD−0.5 V，高于 VSS + 0.5 V。通过外部电容分压可以调节输入信号的级别。分压器增加的电容必须通过相对较小的谐振电容来补偿。

5. RDY/CLK

RDY/CLK 为外部微处理器提供 ANT1 上信号的同步时钟以及 EM4095 内部状态的信息。ANT1 上的同步时钟表示 PLL 被锁定并且接收链路操作点被设置，其状态受到 SHD 和 MOD 的影响如下：

◇ 当 SHD 为高电平时，RDY/CLK 引脚被强制为低电平。

◇ 当 SHD 上的电平由高转低时，PLL 为锁定状态，接收链路工作。经过时间 Tset 后，PLL 被锁定，接收链路操作点已经建立。这时候，传送到 ANT1 上的信号同时也传送至 RDY/CLK，提示微处理器可以开始观察 DEMOD_OUT 上的信号和与此同时的时钟信号。

◇ 当 MOD 为高电平时，ANT 驱动器关闭，但此时 RDY/CLK 引脚上的时钟信号仍然在继续。

◇ 当 SHD 引脚上的电平从高到低，经过时间 Tset 后，RDY/CLK 引脚上的信号被 100 kΩ 的下拉电阻拉低。这样做是为了能在标签的 AM 调制低于 100%情况下，从 RDY/CLK 引脚提供一个指示信号。

6. DVDD 和 DVSS

DVDD 和 DVSS 管脚应该分别与 VDD 以及 VSS 连接。为了使通过管脚 DVDD 和 DVSS

的驱动器电流所造成的电压降不会引起 VDD 和 VSS 上的电压降,在 DVSS 和 DVDD 管脚之间应该加一个 100 nF 的电容,并使其尽量靠近芯片。这将防止由于天线驱动器引起的电源尖峰。此外,对管脚 VSS 和 VDD 进行隔离也是有用的。

所有和管脚 DC2/AGND/DMOD_IN 相关的电容都应该连接到相同的 VSS 线上。这条线应该直接和芯片上的管脚 VSS 相连。该线不能再连接其他元件或者成为 DVSS 供电线路的一部分。

AGND 管脚上的电容值可以从 220 nF 上升到 1 μF。电容越大,接收噪声越小。AGND 的电压可以通过外部电容和内部的 2 kΩ 电阻进行滤波。

7. ANT

EM4095 不限制 ANT 驱动器发出的电流值。这两个输出的最大绝对值是 300mA。对天线谐振回路的设计应该使最大的尖峰电流不超过 250 mA。如果天线的品质因数很高,这个值就可能超过,因此必须通过串联电阻加以限制。

增加 Cdc2 电容值,将增加接收带宽,进而增加斜坡信号的接收增益。Cdc2 的推荐范围是 6.8～22 nF;Cdec 的推荐范围为 33～220 nF。电容值越高,开始上升时间越长。

8. FCAP

FCAP 引脚上的为偏置电压,它补偿了外部天线驱动器引起的相位偏移。

4.2.3 与 MCU 接口

EM4095 管脚较少,结构简单,与 MCU 的接口如图 4-5 所示。

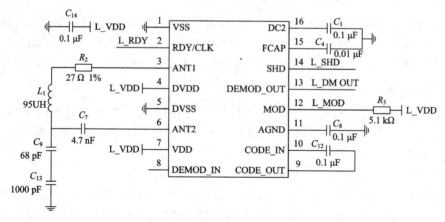

图 4-5　EM4095 与 MCU 接口

EM4095 通过跳线分别与 ATmega16A 的相关引脚相连,其跳线如图 4-6 所示。

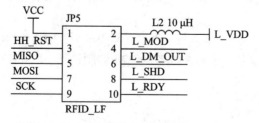

图 4-6　跳线

ATmega16A 的相关引脚如图 4-7 所示。

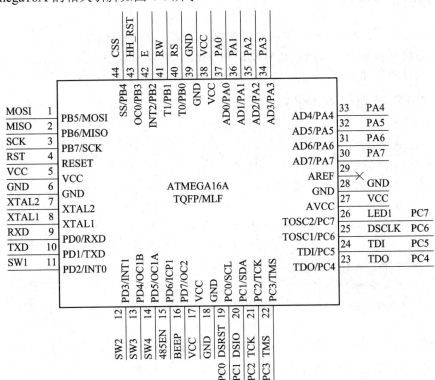

图 4-7　ATmega16A 的相关引脚

分析电路图可知，EM4095 管脚与 ATmega16A 管脚的对应关系如表 4-3 所示。

表 4-3　EM4095 管脚与 Atmega16A 管脚的对应关系

EM4095		ATmega16A	
管脚	名称	管脚	名称
2	RDY/LCK	3	PB7
12	MOD	43	PB3
13	DEMOD_OUT	2	PB6
14	SHD	1	PB5

4.3　低频 RFID 阅读器程序设计

低频 RFID 阅读器程序的主要工作是正确地读取标签的 ID 号码，一般分为三部分：初始化程序、驱动程序和主程序。

下述内容用于实现任务描述 4.D.1，即使用 AVR 通过 EM4095 读取一个 EM4100 卡的卡号，并通过串口输出。

4.3.1 初始化程序

初始化程序用于各种管脚和器件的初始化，以便能够正常进行解码。

基于模块化和移植的考虑，可将本例中 GPIO 设置子程序单独封装成子函数 gpio_config()，具体源码如下：

【描述 4.D.1】gpio_config( )

```
//gpio 配置
void gpio_config(void)
{
        //PD7、PC7 和 PD2 管脚配置
        DDRD   |= (1<<PD7);
        PORTD |= (1<<PD7);

        DDRC   |= (1<<PC7);
        PORTC |= (1<<PC7);
        DDRD   &= ~(1<<PD2);
}
```

EM4095 相关管脚设置子程序单独封装成子函数 EM_config()，具体源码如下：

【描述 4.D.1】EM_config( )

```
//em4095 配置
void EM_config(void)
{
        //em4095 相关管脚配置
        DDRB   |= EM_SHD | EM_MOD;
        DDRB   &= ~EM_DM_OUT;
        EM_PORT |= EM_SHD ;

        //定时器 1 配置，实现精确定时
        TCCR1B &=~((1<<CS10)|(1<<CS12));
        TCCR1B |=(1<<CS11);
        //TCNT1=600;
        OCR1A =64600;

        TCCR1A &=~((1<<WGM11)|(1<<WGM10));
        TCCR1B &=~(1<<WGM13);
        TCCR1B |=(1<<WGM12);
        TIMSK |=(1<<OCIE1A);
        SREG   |= (1 << 7);
}
```

串口设置子程序单独封装成子函数 uart_config()，具体源码如下：

【描述 4.D.1】uart_config( )

```
//串口设置
void uart_config(void)
{
        //串口相关寄存器配置
        UCSRA |=(1<<U2X);
        UCSRB |=(1<<RXCIE);

        UCSRC |=((1<<URSEL)|(1<<UCSZ1)|(1<<UCSZ0));
        UCSRC &=~((1<<UMSEL)|(1<<UPM1)|(1<<UPM0)|(1<<USBS));
        UBRRH &=~(1<<URSEL);
        //波特率 115200
        UBRRH =0;
        UBRRL =7;

        UCSRB |=((1<<RXEN)|(1<<TXEN));
}
```

4.3.2　驱动程序

驱动程序是 EM4095 能够正确解码的相关延时程序和解码子程序。因本例中曼彻斯特码有严格的码元间隙，所以需要 512 μs 的延时子函数。该函数单独封装成子函数 delay_512 μs()，具体源码如下：

【描述 4.D.1】delay_512 μs( )

```
//512 μs 延时子函数
void delay_512 μs(int x)
{
        //使用定时器实现定时
        TIFR|=(1<<OCF1A);
        TCNT1=0;
        while(TCNT1<x);
}
```

读取 ID 卡号需要曼彻斯特码解码，其解码首先需要判断同步头，此部分功能单独封装成子函数 read_id_start()，具体源码如下：

【描述 4.D.1】read_id_start( )

```
//判断同步头
char read_id_start(void)
{
        char code_st=1;
```

```
        char i;
        char c_l;

        while(!(PINB&EM_DM_OUT));
        TCNT1=0;
        while(PINB&EM_DM_OUT);

        //512 μs 存在误差，505～520 毫秒范围内即可
        if(TCNT1>505&&TCNT1<520)
        {
            //判断随后是否连续 8 个 1
            for(i=0;i<8;i++)
            {
                //以 512 μs 四分之三的位置判断逻辑电平
                delay_512 μs(380);
                c_l=PINB&EM_DM_OUT;

                if(c_l!=0)
                {
                    code[i]=1;
                }
                else
                {
                    code[i]=0;
                    code_st=0;
                }
                while(PINB&EM_DM_OUT);
            }
        }
        else
            code_st=0;
        //返回判断同步头情况
        if(code_st==1)
            return 1;
        else
            return 0;
    }
```

本例中，曼彻斯特解码功能单独封装成子函数 read_id()，具体源码如下：

【描述 4.D.1】read_id( )

　　//曼彻斯特解码

```
char read_id(void)
{
    char st=0;
    char i=0;
    char c_L;
    EM_PORT &= ~EM_SHD ;

    st=read_id_start();
    //如果读到同步头
    if(st==1)
    {
        //顺序读取剩余 bit
        for(i=8;i<63;i++)
        {
            //以 512 μs 四分之三的位置判断逻辑电平
            delay_512 μs(384);
            if(PINB&EM_DM_OUT)
            {
                code[i]=1;
                while(PINB&EM_DM_OUT);
            }
            else
            {
                code[i]=0;
                while(!(PINB&EM_DM_OUT));
            }
        }
        return 1;
    }
    else
        return 0;
}
```

4.3.3　主程序

主函数 main()存放在 main.c 文件中，除了相关初始化函数和主循环外，还要定义一些必需的宏定义和头文件等，详细代码清单如下：

【描述 4.D.1】main.c

```
/****************** 宏定义 ******************/
//开启比特定义
#define    ENABLE_BIT_DEFINITIONS 1
```

```c
#define    EM_SHD          (1<<PB5)
#define    EM_DM_OUT       (1<<PB6)
#define    EM_MOD          (1<<PB3)
#define    EM_PORT          PORTB

char code[64]={0};
char *p;

/****************** 头文件 ******************/
#include <iom16.h>

/****************** 子函数 ******************/
void gpio_config(void);
void EM_config(void);
char read_id(void);
void uart_config(void);
void delay_512 μs(int x);
char read_id_start(void);

/************* 主函数 *************/
main()
{

    char st=0;
    gpio_config();
    EM_config();
    uart_config();

    p=code;
    //主循环
    while(1)
    {
        st=read_id();
        if(st)
        {
            //如果完成解码，则蜂鸣器将鸣响一声
            PORTD &= ~(1<<PD7);
            delay_512 μs(5000);
            delay_512 μs(5000);
            delay_512 μs(5000);
```

```
            delay_512 μs(5000);
            delay_512 μs(5000);
            delay_512 μs(5000);
            delay_512 μs(5000);
            delay_512 μs(5000);
            delay_512 μs(5000);
            delay_512 μs(5000);
            PORTD |= (1<<PD7);
        }
    }
}
```

在本书配套的低频 RFID 开发板上执行程序后，如果在天线范围内有 ID 卡，则蜂鸣器会鸣叫一声。

小　结

通过本章的学习，读者应该能够掌握：

◆ 低频 ID 卡通常采用无源设计，将 ID 芯片和天线封装在一起，做成卡片或标签的样式。

◆ 低频 RFID 由于频率较低，带宽有限，所以不适合传输大量数据以及数据写入，因此低频 RFID 标签通常是以 ID 卡的形式出现的。

EM4100 是 EM 公司生产的只读型非接触 ID 卡芯片，典型频率为 125kHz，内部固化 64 bit 数据。

◆ 只要在阅读器范围内，EM4100 就会循环送出内部的 64 bit 数据，并且最后一个停止位为数据 0。

◆ EM4095 是一款 CMOS 芯片，与 MCU 接口简单，在 RFID 阅读器中可用于天线驱动和调制解调。

 **习　题**

1. 下面 ID 卡描述正确的是_____。

A. 内容可读可写

B. 应答器发送一次 ID 号后，即开始休眠

C. 读写 ID 卡需要三轮身份验证

D. EM4100 典型频率为 125 kHz

2. 列举 EM4100 内部 64 bit 数据的五个部分及其含义。

3. 试述 EM4095 中 SHD 引脚的作用。

4. 简述 EM4100 解码过程。

第5章 高频 RFID 阅读器设计

本章目标

- ◆ 了解 Mifare 卡的特点。
- ◆ 掌握 Mifare 卡的存储器结构。
- ◆ 掌握 Mifare 卡的读写。
- ◆ 了解 RC522 的原理图。
- ◆ 掌握 RC522 与 MCU 的接口。
- ◆ 掌握 RC522 的基本操作。
- ◆ 掌握 RC522 命令的使用。

学习导航

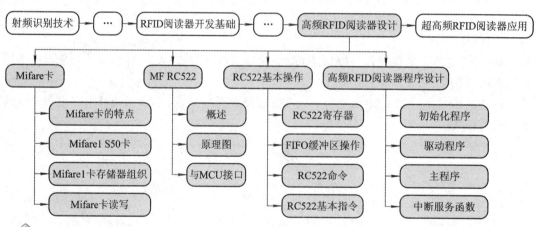

任务描述

➤【描述 5.D.1】

编写 RC522 的初始化程序。

➤【描述 5.D.2】

编写 RC522 的相关驱动程序。

➤【描述 5.D.3】

驱动 RC522 读取 Mifare 卡的数据。

5.1　Mifare 卡

Mifare 是 NXP Semiconductors (恩智浦半导体)拥有的商标之一。Mifare 卡是目前世界上使用量大、技术成熟、性能稳定、内存容量大的一种感应式智能 IC 卡。

5.1.1　Mifare 卡的特点

Mifare 技术是 NXP(前身为飞利浦半导体)所拥有的 13.56 MHz 非接触性辨识技术。NXP 并不制造卡片或卡片阅读机,而是在开放的市场上贩售相关技术与芯片,卡片和卡片阅读器的制造商再利用它们的技术来研发产品出售给一般使用者。

Mifare 卡经常被认为是一种智能卡的技术,这是因为它可以在卡片上兼具读写的功能。事实上,Mifare 卡仅具备记忆功能,必须搭配阅读器才能达到读写功能。Mifare 卡的非接触式读写功能是为处理大众运输系统中的付费交易部分来设计的,其与众不同的地方是具备执行升幂和降序的排序功能,简化资料读取的过程。尽管接触性智能卡也能够执行同样的动作,但非接触性智能卡的速度更快且操作更简单,而且卡片阅读机几乎不需要任何维修,卡片也较为耐用。

Mifare 卡除了保留接触式 IC 卡的原有优点外,还具有以下特点:

✧ 操作简单、快捷。由于采用射频无线通信,使用时无需插拔卡及不受方向和正反面的限制,完成一次读写操作仅需 0.1 s,大大提高了每次使用的速度,既适用于一般场合,又适用于快速、高流量的场所。

✧ 抗干扰能力强。Mifare 卡中有快速防冲突机制,在多卡同时进入读写范围内时,能有效防止卡片之间出现数据干扰,读写设备可一一对卡进行处理,提高了应用的并行性及系统工作的速度。

✧ 可靠性高。Mifare 卡与阅读器之间没有机械接触,避免了由于接触读写而产生的各种故障;而且卡中的芯片和感应天线完全密封在标准的 PVC 中,进一步提高了应用的可靠性和卡的使用寿命。

✧ 适合于一卡多用。Mifare 卡的存储结构及特点(大容量 16 分区、1024 字节),能应用于不同的场合或系统,有很强的系统应用扩展性,可以真正做到"一卡多用"。

5.1.2　Mifare1 S50 卡

Mifare 卡的主要芯片有 NXP Mifare1 S50(1 KB)、S70(4 KB)等。Mifare1(下面简称 MF1)是符合 ISO/IEC 14443A 的非接触智能卡,其通信层(MifareRF 接口)符合 ISO/IEC 14443A 标准的第 2 和第 3 部分,其安全层支持域检验的 CRYPTO1 数据流加密。

目前国内出现了 Mifare 卡的克隆产品,但性能稍逊一筹。虽然 Mifare 技术已经被破解,卡片可以被复制,但是由于价格低廉,还在广泛使用。Mifare 卡的技术特点如下:

✧ 卡片由一个卷绕天线和特定用途的集成电路模块组成。

✧ Mifare 卡有一个高速(106 KB 波特率)的 RF 接口。

✧ 内部有一个控制单元和一个 8 K 个 bit 位的 EEPROM。

◇ 阅读器向 MF1 卡发出一组固定频率(13.56 MHz)的电磁波,卡片内有一个 LC 串联谐振电路,其频率与阅读器发射的频率相同,在电磁波的激励下,LC 谐振电路产生共振,从而使谐振电容有了电荷。

◇ 在这个电容的另一端,接有一个单向导通的电子泵,将电容内的电荷送到模块存储电容内储存,当所积累的电荷达到 2 V 以上时,此电容可作为电源向模块电路提供工作电压,将卡内数据发射出去或接收阅读器的数据。

MF1 读写示意图如图 5-1 所示。

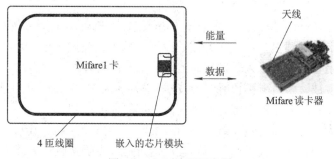

图 5-1　MF1 读写示意图

目前,市场上较常见的 MF1 S50 卡的主要性能指标如下:

◇ MifareRF 接口(ISO/IEC14443A)。

◇ 非接触数据传输并提供能源(不需电池)。

◇ 工作距离:可达 100 mm(取决于天线的尺寸结构)。

◇ 工作频率:13.56 MHz。

◇ 快速数据传输:106 kb/s。

◇ 高度数据完整性保护:16 bitCRC、奇偶校验、位编码和位计数。

◇ 真正的防冲突。

◇ 典型票务交易:小于 100 ms(包括备份管理)。

◇ 1 KB EEPROM,分为 16 个区,每区 4 个块,每块 16 字节。

◇ 用户可定义内存块的读写条件。

◇ 数据耐久性为 10 年。

◇ 写入耐久性可达 100 000 次。

◇ 相互三轮认证(ISO/IEC DIS9798-2)。

◇ 带重现攻击保护的射频通道数据加密。

◇ 每区(每个应用)两个密钥,支持密钥分级的多应用场合。

◇ 每卡一个唯一序列号。

◇ 在运输过程中以传输密钥保护对 EEPROM 的访问权。

⚠ 注意:本章后续章节将以 AVR 单片机为核心,NXP 公司的 MF RC522 芯片为收发通道,实现一个对 MF1 S50(及其兼容卡)卡读写的高频 RFID 阅读器。

MF1 S50 集成电路芯片内含 1 KB EEPROM、RF 接口和数字控制单元。能量和数据通过天线传输,卡中天线为几匝线圈,直接连接到芯片上,不再需要额外的组件。Mifare 卡的结构如图 5-2 所示。

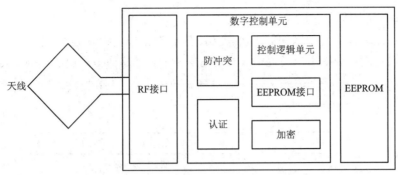

图 5-2　Mifare 卡的结构

图 5-2 中，各组件的功能简述如下：

◇　RF 接口：调制解调器检波器时钟发生器的上电复位稳压器。

◇　防冲突：读写范围内的几张卡可以逐一选定和操作。

◇　认证：在所有存储器操作之前进行认证过程，以保证必须通过各块指定的密钥才能访问该块。

◇　控制逻辑单元：数值以特定的冗余格式存储，可以增减。

◇　EEPROM 接口：是与内部 EEPROM 的通信接口。

◇　加密单元：域验证的 CRYPTO1 数据流加密，保证数据交换的安全。

◇　EEPROM：总容量为 1 KB，每区的最后一块称做"尾块"，含有两个密钥和本区各块的读写条件。

5.1.3　Mifare1 卡存储器组织

在 MF1 S50 卡中，1024×8 bit EEPROM 存储器分为 16 个扇区，每区 4 块，每块 16 字节。在擦除后的状态下，EEPROM 的单元读为逻辑"0"，写后的状态下读为"1"。EEPROM 结构如图 5-3 所示。

扇区	块	0	1	2	3	4	5	6	7	8	9	A	B	C	D	E	F	说明
							块内字节编号											
0	0																	制造商占用块
	1																	数据
	2																	数据
	3	KEYA						控制位				KEYB						扇区 0 尾块
1	0																	数据
	1																	数据
	2																	数据
	3	KEYA						控制位				KEYB						扇区 1 尾块
⋮								⋮										
14	0																	数据
	1																	数据
	2																	数据
	3	KEYA						控制位				KEYB						扇区 14 尾块
15	0																	数据
	1																	数据
	2																	数据
	3	KEYA						控制位				KEYB						扇区 15 尾块

图 5-3　EEPROM 结构

1. 制造商占用块

制造商占用块是第 1 扇区的第 1 块(块 0),它含有集成电路制造商数据。出于安全和系统需求,此块是制造商在生产过程中编程后写保护的。制造商占用块的结构如图 5-4 所示。

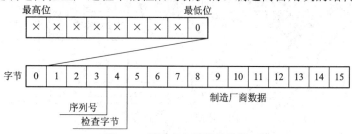

图 5-4 制造商占用块的结构

2. 数据块

各扇区均有 3 个 16 字节的块用于存储数据(区 0 只有两个数据块以及一个只读的厂商代码块)。数据块可以通过读写控制位设置为:

◇ 读写块:例如用于非接触门禁管理。

◇ 数值块:可直接控制存储值的命令,如增值、减值。

其中,数值块具有电子钱包功能(有效命令包括 read、write、increment、decrement、restore、transfer)。数值块有固定的数据格式,以便于错误检测、纠错和备份管理。数值块中存储的数值和地址只能通过数值块格式的写操作生成。数值和地址说明如下:

● 数值:有符号 4 字节数值。数值的最低字节存储在最低地址字节。负值以标准的 2 的补码形式存储。出于数据完整性和安全原因,数值存储三次,两次不取反,一次取反。

● 地址(Adr):1 字节地址,当进行备份管理时,可用于保存块的地址。地址保存四次,两次取反,两次不取反。在 increment、decrement、restore 和 transfer 操作中,地址保持不变。它只能通过 write 命令更改。

数值块的结构如图 5-5 所示。

字节号	15	14	13	12	11	10	9	8	7	6	5	4	3	2	1	0
说明	数值				数值				数值				Adr	Adr	Adr	Adr

图 5-5 数值块的结构

3. 尾块(块 3)

各扇区均有一个尾块,存有:

◇ 密钥 A 和 B(可选),读时返回逻辑 "0"。

◇ 该区四个块的读写条件,存储在字节 6~9。

◇ 读写控制位也指定了数据块的类型(读写块或数值块)。

◇ 如果不需要密钥 B,块 3 的最后 6 字节可以用作数据字节。

◇ 尾块的字节 9 可用于用户数据。因为此字节享有与字节 6、7、8 相同的读写权限。

尾块的结构如图 5-6 所示。

字节号	0	1	2	3	4	5	6	7	8	9	10	11	12	13	14	15
说明	密钥A						读写条件				密钥B(可选)					

图 5-6 尾块的结构

1) 读写条件

每个数据块和尾块的读写条件均由 3 个 bit 定义，并以非取反和取反形式保存在各个区的尾块中。读写控制位管理着使用密钥 A 和 B 读写存储器的权限。如果知道相关的密钥，并且当前读写条件允许，读写条件是可以更改的，读写条件说明如图 5-7 所示。

读写控制位	有效命令		块	说明
C13 C23 C33	read、write	→	3	尾块
C12 C22 C32	read、write、increment、decrement、transfer、restore	→	2	数据块
C11 C21 C31	read、write、increment、decrement、transfer、restore	→	1	数据块
C10 C20 C30	read、write、increment、decrement、transfer、restore	→	0	数据块

图 5-7　读写条件说明

⚠ **注意**：在每一次存储器读写时，内部逻辑会验证存储条件的格式。如果发现一个错误，这个区将被永久性锁死。在后续说明中，读写控制位仅是以非取反形式表述的。MF1 的内部逻辑保证了命令只有在通过认证后才被执行。

2) 尾块的读写条件

对密钥和控制位的读写取决于尾块(块 3)的访问控制位，这些控制位存放在字节 6～8 中，以正值和反值的形式存放，分为"禁止"、"KEYA"、"KEYB" 和 "KEYA | B(KEYA 或 KEYB)"。读写条件在尾块中的存储位置如表 5-1 所示。

表 5-1　读写条件在尾块中的存储位置

	bit7	bit6	bit5	bit4	bit3	bit2	bit1	bit0
字节 6	$/C2_3$	$/C2_2$	$/C2_1$	$/C2_0$	$/C1_3$	$/C1_2$	$/C1_1$	$/C1_0$
字节 7	$C1_3$	$C1_2$	$C1_1$	$C1_0$	$/C3_3$	$/C3_2$	$/C3_1$	$/C3_0$
字节 8	$C3_3$	$C3_2$	$C3_1$	$C3_0$	$C2_3$	$C2_2$	$C2_1$	$C2_0$
字节 9								

读写条件定义如表 5-2 所示。

表 5-2　读写条件定义

访问控制位			所控制的访问对象						注释
			KEY A		访问控制位		KEY B		
C1	C2	C3	读	写	读	写	读	写	
0	0	0	禁止	KEY A	KEY A	KEY B	KEY A	KEY A	KEY B 可读
0	1	0	禁止	禁止	KEY A	禁止	KEY A	禁止	KEY B 可读
1	0	0	禁止	KEY B	KEY A	B	禁止	禁止	KEY B	
1	1	0	禁止	禁止	KEY A	B	禁止	禁止	禁止	
0	0	1	禁止	KEY A	KEY A	KEY A	KEY A	KEY A	KEY B 可读 传输配置状态
0	1	1	禁止	KEY B	KEY A	B	KEY B	禁止	KEY B	
1	0	1	禁止	禁止	KEY A	B	KEY B	禁止	禁止	
1	1	1	禁止	禁止	KEY A	B	禁止	禁止	禁止	

由上表可知,尾块和KEY A被预定义为传输配置状态。因为在传输配置状态下KEY B可读,新卡必须用KEY A认证。由于访问控制位本身也可以禁止访问,所以操作时应当特别小心。

3) 数据块的访问控制条件

对数据块(块0至2)的读写访问取决于其访问控制位,分为"禁止"、"KEY A"、"KEY B"和"KEY A|B"。相关访问控制位的设置决定了其用途以及相应的可用命令。

◇ 读写块:允许读、写操作。

◇ 数值块:运行另外的数值操作,如加值、减值、转存和恢复。在用于非充值卡的一种情况("001")下,只能够读和减值。在另一种情况("110")下,可以用KEYB充值。

◇ 制造厂商块:只读,不受访位控制位设置的影响。

◇ 密钥管理:在传输配置状态下,必须用KEY A认证。

数据块的访问控制条件如表5-3所示。

表5-3 数据块的访问控制条件

访问控制位			所控制的访问对象				用途
C1	C2	C3	读	写	加值	减值 转存 恢复	
0	0	0	KEY A|B	KEY A|B	KEY A|B	KEY A|B	传输配置状态
0	1	0	KEY A|B	KEY B	禁止	禁止	读写块
1	0	0	KEY A|B	KEY B	禁止	禁止	读写块
1	1	0	KEY A|B	KEY B	KEY B	KEY A|B	数值块
0	0	1	KEY A|B	禁止	禁止	KEY A|B	数值块
0	1	1	KEY B	KEY B	禁止	禁止	读写块
1	0	1	KEY B	禁止	禁止	禁止	读写块
1	1	1	禁止	禁止	禁止	禁止	读写块

如果相应扇区尾块KEY B可读,则不得用作认证(上表中所有灰色行)。如果阅读器试图用灰色行的访问控制条件以KEY B认证任何扇区的任何块,卡将在认证后拒绝所有后续存储器访问。

5.1.4 Mifare 卡读写

读写Mifare卡的命令由阅读器发出,按照读写流程通过防碰撞和认证才能真正对卡片进行操作,其操作如图5-8所示。

1. 呼叫(request standard/all)

卡片一旦进入阅读器范围内,就会收到载波并进行充电。卡片上电复位后,如果收到阅读器发来的request命令,则通过发送应答码ATQA(符合ISO/IEC 14443A)回应阅读器向天线范围内所有卡发出的request命令。

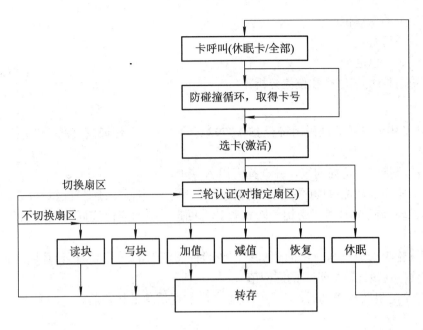

图 5-8　Mifare 卡读写

2. 防碰撞循环(anticollision loop)

在防碰撞循环中，可以读回一张卡的序列号。如果在阅读器的工作范围内有几张卡，则它们可以通过唯一序列号区分开来，并可选定以进行下一步交易。未被选定的卡转入待命状态，等候新的 request 命令。

3. 选卡(select card)

阅读器通过 select card 命令选定一张卡进行认证存储器的相关操作。该卡返回选定应答码(ATS=08h)，明确所选卡的卡型。

4. 三轮认证(3 pass authentication)

选卡后，阅读器指定后续读写的存储器位置，并用相应密钥进行三轮认证。认证成功后，所有的存储器操作都是加密的。

5. 存储器操作

经过三轮认证后，阅读器可对卡片执行下列操作：
◇　读数据块。
◇　写数据块。
◇　减值：减少数据块内的数值，并将结果保存在临时内部数据寄存器中。
◇　加值：增加数据块内的数值，并将结果保存在数据寄存器中。
◇　恢复：将数据块内容移入数据寄存器。
◇　转存：将临时内部数据寄存器的内容写入数值块。

6. 数据完整性

在阅读器和卡之间的非接触通信链接中实施下列机制，以保证数据传输的可靠性：
◇　每块 16 bit CRC。

  ◇ 每字节的奇偶位。
  ◇ 位计数检查。
  ◇ 位编码，以区分"1"、"0"和无信息。
  ◇ 通道监控(协议序列和位流分析)。

7. 安全

安全认证中的三轮认证采用符合 ISO 9798-2 的协议，以保证高度的安全性。三轮认证过程如下：
  ◇ 阅读器指定要访问的区，并选择密钥 A 或 B。
  ◇ 第一轮为卡从位块读区密钥和访问条件。然后，卡向阅读器发送随机数。
  ◇ 第二轮为阅读器利用密钥和随机数计算回应值。回应值连同阅读器的随机数发送给卡。
  ◇ 第三轮为卡通过与自己的随机数比较验证阅读器的回应值，再计算回应值并发送。
  ◇ 阅读器通过比较验证卡的回应值。
在第一个随机数传送之后，卡与阅读器之间的通信都是加密的。

5.2 MF RC522

MF RC522(简称 RC522)是应用于 13.56 MHz 非接触式通信中高集成度读写卡系列芯片中的一员。它是 NXP 公司针对"三表"应用推出的一款低电压、低成本、体积小的非接触式读写卡芯片，是智能仪表和便携式手持设备研发的较好选择。

5.2.1 概述

MF RC522 运用了先进的调制和解调概念，完全集成了 13.56 MHz 下所有类型的被动非接触式通信方式和协议，并支持 ISO 14443A 的多层应用。其内部发送器部分可驱动阅读器天线与 ISO 14443A/Mifare 卡和应答机的通信，无需其他电路。接收器部分提供一个坚固而有效的解调和解码电路，用于处理 ISO 14443A 兼容的应答器信号。数字部分处理 ISO 14443A 帧和错误检测。

此外，RC522 还支持快速 CRYPTO1 加密算法，用于验证 Mifare 系列产品。MF RC522 支持 Mifare 更高速的非接触式通信，双向数据传输速率高达 424 kb/s。可根据不同的用户需求，选取 SPI、I^{2}C 或串行 UART(类似 RS232)模式之一，有利于减少连线，缩小 PCB 板体积，降低成本。

MF RC522 的其他特性如下：
  ◇ 高集成度的调制解调电路。
  ◇ 采用少量外部器件，即可将输出驱动级接至天线。
  ◇ 支持 ISO/IEC 14443 TYPE A 和 Mifare 通信协议。
  ◇ 支持 ISO 14443 212 kb/s 和 424 kb/s 更高传输速率的通信。
  ◇ 支持 Mifare Classic 加密。
  ◇ 10 Mb/s 的 SPI 接口。

◇ I^2C 接口，快速模式的速率为 400 kb/s，高速模式的速率为 3400 kb/s。

◇ 串行 UART，传输速率高达 1228.8 kb/s，帧取决于 RS232 接口，电压电平取决于提供的管脚电压。

◇ 64 字节的发送和接收 FIFO 缓冲区。

◇ 灵活的中断模式。

◇ 可编程定时器。

◇ 具备硬件掉电、软件掉电和发送器掉电三种节电模式。

◇ 内置温度传感器，以便在芯片温度过高时自动停止 RF 发射。

◇ 采用相互独立的多组电源供电，以避免模块间的相互干扰，提高工作的稳定性。

◇ 具备 CRC 和奇偶校验功能。

◇ 内部振荡器，连接 27.12 MHz 的晶体。

◇ 2.5～3.6 V 的低电压低功耗设计。

◇ 5 mm × 5 mm × 0.85 mm 的超小体积。

5.2.2　原理图

MF RC522 组成并不复杂，其原理图如图 5-9 所示。

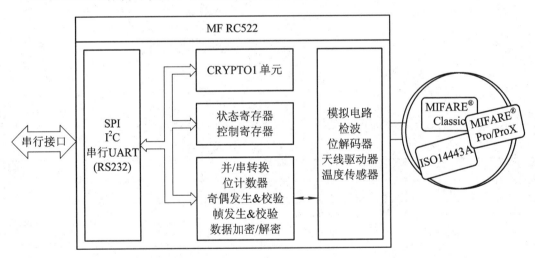

图 5-9　MF RC522 的原理图

MF RC522 集成度很高，其相关功能特性如下：

◇ MF RC522 支持可直接相连的各种 MCU 接口类型，如 SPI、I^2C 和串行 UART。

◇ 数据处理部分执行数据的并/串转换。

◇ 它支持的帧包括 CRC 和奇偶校验。它以完全透明的模式进行操作，因而支持 ISO 14443A 的所有层。

◇ 状态和控制部分允许对器件进行配置以适应环境的影响并将性能调节到最佳状态。

◇ 当与 Mifare Standard 和 Mifare 产品通信时，使用高速 CRYPTO1 流密码单元和一个可靠的非易失性密匙存储器。

◇ 模拟电路包含了一个具有非常低阻抗桥驱动器输出的发送部分，这使得最大操作距离可达 100mm。

  ◇ 接收器可以检测到并解码非常弱的应答信号。

5.2.3　与 MCU 接口

  MF RC522 共有 32 个管脚，其管脚图如图 5-10 所示。

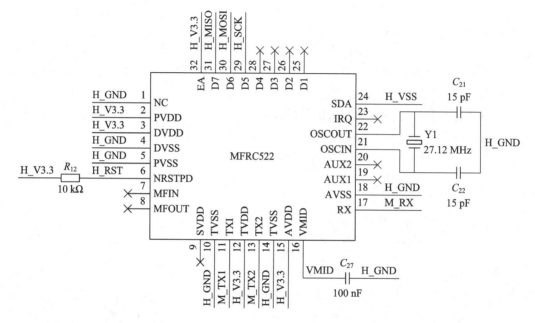

图 5-10　MFRC522 管脚图

  MF RC522 的 32 个管脚有其各自不同的功能和定义，如表 5-4 所示。

表 5-4　管　脚　定　义

管脚	名称	类型	说　　明
1	I^{2}C	I	I^{2}C 使能
2	PVDD	PWR	管脚电源
3	DVDD	PWR	数字电源
4	DVSS	PWR	数字地
5	PVSS	PWR	管脚电源地
6	NRSTPD	I	不复位和掉电：管脚为低电平时，切断内部电流吸收，关闭振荡器，断开输入管脚与外部电路的连接。管脚检测到上升沿后，启动内部复位
7	SIGIN	I	信号输入
8	SIGOUT	O	信号输出
9	TESTPIN	NC	不连接，三态管脚
10	TVSS	PWR	发送器地：TX1 和 TX2 的输出级的地
11	TX1	O	发送器 1：传递调制的 13.56MHz 的能量载波信号
12	TVDD	PWR	发送器电源：给 TX1 和 TX2 的输出级供电

续表

管脚	名称	类型	说　明
13	TX2	O	发送器 2：传递调制的 13.56 MHz 的能量载波信号
14	TVSS	PWR	发送器地：TX1 和 TX2 的输出级的地
15	AVDD	PWR	模拟电源
16	VMID	PWR	内部参考电压：该管脚提供内部参考电压
17	RX	I	接收器输入：接收的 RF 信号管脚
18	AVSS	PWR	模拟地
19	AUX1	O	辅助输出
20	AUX2	O	
21	OSCIN	I	晶振输入：振荡器的反相放大器的输入，也是外部产生时钟的输入。f_{osc}=27.12 MHz
22	OSCOUT	O	晶振输出：振荡器的反相放大器的输出
23	IRQ	O	中断请求：输入，用来指示一个中断事件
24	SDA	I	串行数据线
25	D1	I/O	不同接口的数据管脚（测试端口、I^2C、SPI、UART）
26	D2	I/O	
27	D3	I/O	
28	D4	I/O	
29	D5	I/O	
30	D6	I/O	
31	D7	I/O	
32	EA	I	外部地址：该管脚用来编码 I^2C 的地址

1. MCU 接口

在每次上电或硬件复位后，RC522 也复位其接口模式并检测当前微处理器的接口类型。MF RC522 在复位阶段后根据控制脚的逻辑电平识别微处理器接口。这是由固定管脚连接的组合和一个专门的初始化程序来实现的，其所有通信接口如表 5-5 所示。

表 5-5　通 信 接 口

引脚名称	UART 方式	SPI 方式	I2C 方式
SDA	RX	NSS	SDA
I2C	L	L	H
EA	L	H	EA
D7	TX	MISO	SCL
D6	MX	MOSI	ADR_0
D5	DTRQ	SCK	ADR_1
D4	—	—	ADR_2
D3	—	—	ADR_3
D2	—	—	ADR_4
D1			ADR_5

本例中，RC522 与 MCU 连接的端口为 SPI 口，其他接口可参考相关资料。兼容 SPI 接口可使能 RC522 和一个 MCU 之间的高速串行通信。兼容 SPI 接口的处理与标准 SPI 接口相同。在本书配套的开发板上，RC522 还需要经过一个跳线才能与 MCU 相连，其跳线定义如图 5-11 所示。

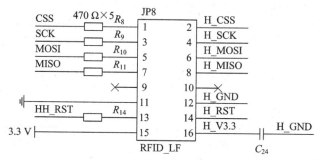

图 5-11　跳线定义

在 SPI 通信中，RC522 作从机，SPI 时钟 SCK 由主机产生。

✧ 数据通过 MOSI 线从主机传输到从机。

✧ 数据通过 MISO 线从 RC522 发回主机。

✧ MOSI 和 MISO 传输每个字节时都是高位在前。MOSI 上的数据在时钟的上升沿保持不变，在时钟的下降沿改变。MISO 与之类似，在时钟的下降沿，MISO 上的数据由 RC522 来提供，在时钟的上升沿数据保持不变。

2. 读数据

通过 SPI 接口读出数据需要有特定的数据结构。发送的第一个字节定义了模式本身和地址，也可连续读出多个地址的数据，其顺序如表 5-6 所示。

表 5-6　读数据顺序

	字节 0	字节 1	字节 2	…	字节 n	字节 $n+1$
MOSI	地址 0	地址 1	地址 1	…	地址 1	00
MISO	X	数据 0	数据 1	…	数据 $n-1$	数据 n

3. 写数据

通过 SPI 接口写入数据需要有特定的数据结构。发送的第一个字节定义了模式本身和地址，也可连续读出多个地址的数据，其顺序如表 5-7 所示。

表 5-7　写数据顺序

	字节 0	字节 1	字节 2	…	字节 n	字节 $n+1$
MOSI	地址	数据 0	数据 1	…	数据 $n-1$	数据 n
MISO	X	X	X	…	X	X

4. 地址字节

地址字节按特殊格式传输，第一个字节的 MSB 位设置使用的模式如下：

◇ MSB 位为 1 时从 RC522 读出数据。

◇ MSB 为 0 时将数据写入 RC522。

第一个字节的位[6:1]定义地址，最后一位应当设置为 0。其位含义如表 5-8 所示。

表 5-8　地址字节位含义

地址(MOSI)	位 7，MSB	位 6～位 1	位 0
字节 0	1(读) 0(写)	地址	RFU(0)

5.3　RC522 基本操作

RC522 是一款高度集成的 RFID 读写芯片，还需要配合 MCU 和其他外围电路才能真正地实现阅读器的功能。

5.3.1　RC522 寄存器

RC522 的存储器中共有 4 页(PAGE)存放寄存器，用于配置和相关状态指示，详细定义如表 5-9 所示。

表 5-9　RC522 寄存器

地址	名称	功　　能
PAGE0：命令和状态		
0	RFU	保留
1	CommandReg	启动和停止命令的执行
2	ComIEnReg	中断请求传递的使能和禁能控制位
3	DivIEnReg	中断请求传递的使能和禁能控制位
4	ComIrqReg	包含中断请求标志
5	DivIrqReg	包含中断请求标志
6	ErrorReg	错误标志，指示执行的上个命令的错误状态
7	Status1Reg	包含通信的状态标志
8	Status2Reg	包含接收器和发送器的状态标志
9	FIFODataReg	64 字节 FIFO 缓冲区的输入和输出
A	FIFOLevelReg	指示 FIFO 中存储的字节数
B	WaterLevelReg	定义 FIFO 下溢和上溢报警的 FIFO 深度
C	ControlReg	不同的控制寄存器
D	BitFramingReg	面向位的帧的调节
E	CollReg	RF 接口上检测到的第一个位冲突的位置
F	RFU	保留

续表一

地址	名称	功 能
PAGE1：命令		
0	RFU	保留
1	ModeReg	定义发送和接收的常用模式
2	TxModeReg	定义发送过程中的数据传输速率
3	RxModeReg	定义接收过程中的数据传输速率
4	TxControlReg	控制天线驱动器管脚 TX1 和 TX2 的逻辑特性
5	TxAutoReg	控制天线驱动器的设置
6	TxSelReg	选择天线驱动器的内部源
7	RxSelReg	选择内部的接收器设置
8	RxThresholdReg	选择位译码器的阈值
9	DemodReg	定义解调器的设置
A	RFU	保留
B	RFU	保留
C	MifareReg	控制 ISO 14443/Mifare 模式中 106 kb/s 的通信
D	RFU	保留
E	RFU	保留
F	SerialSpeedReg	选择串行 UART 接口的速率
PAGE2：CFG		
0	RFU	保留
1	CRCResultReg	显示 CRC 计算的实际 MSB 和 LSB 值
2		
3	RFU	保留
4	ModeWidthReg	控制 ModeWidth 的设置
5	RFU	保留
6	RFCfgReg	配置接收器增益
7	GsNReg	选择天线驱动器管脚 TX1 和 TX2 的 N 驱动器的电导
8	CWGsCfgReg	定义 P 驱动器的电导
9	ModeGsCfgReg	定义驱动器 P 输出电导，便于时间的调制
A	TModeReg	定义内部定时器的设置
B	TPrescalerReg	
C	TReloadReg	描述 16 位长的定时器重载值
D		
E	TcounterValueReg	显示 16 位长的实际定时器值
F		

续表二

地址	名称	功　　能
PAGE3：命令和状态		
0	RFU	保留
1	TestSel1Reg	用测试信号的配置
2	TestSel2Reg	用测试信号的配置和 PRBS 控制
3	TestPinEnReg	D1～D7 输出驱动器的使能管脚(仅用于串行接口)
4	TestPin ValueReg	定义 D1～D7 用作 I/O 总线时的值
5	TestBusReg	显示内部测试总线的状态
6	AutoTestReg	控制数字自测试
7	VersionReg	显示版本
8	AnalogTestReg	控制管脚 AUX1 和 AUX2
9	TestDAC1Reg	定义 TestDAC1 的测试值
A	TestDAC2Reg	定义 TestDAC2 的测试值
B	TestDACReg	显示 ADC1 和 Q 通道的实际值
C-F	RFT	保留用于产品测试

5.3.2　FIFO 缓冲区操作

MF RC522 包含一个 64×8 位的 FIFO 缓冲区，用来缓存主机 MCU 和 MF RC522 的内部状态机之间的输入和输出数据流。因此，FIFO 缓冲区可以处理长度大于 64 字节的数据流，但又不考虑时序的限制。

1. 访问 FIFO 缓冲区

FIFO 缓冲区的输入和输出数据总线连接到 FIFODataReg 寄存器。

◇ 通过写 FIFODataReg 寄存器将一个字节的数据存入 FIFO 缓冲区，之后内部 FIFO 缓冲区写指针加 1。

◇ 读出的 FIFODataReg 寄存器的内容是存放在 FIFO 缓冲区读指针处的数据，之后 FIFO 缓冲区读指针减 1。

FIFO 缓冲区的读和写指针之间的间隔通过读取 FIFOLevelReg 得到。当 MCU 发布一个命令后，MFRC522 可以在命令执行过程中根据命令要求来访问 FIFO 缓冲区。通常，只能实现一个 FIFO 缓冲区的操作，该缓冲区可用在输入和输出方向中。因此，MCU 必须小心不能以其他方式来访问 FIFO 缓冲区。

2. 控制 FIFO 缓冲区

除了读写 FIFO 缓冲区外，FIFO 缓冲区指针还可通过置位寄存器 FIFOLevelReg 的 FlushBuffer 位来复位。从而使 FIFOLevel 位被清零，寄存器 ErrorReg 的 BufferOvfl 位也被清零，实际存储的字节不能再访问，FIFO 缓冲区可以用来存放下一批 64 字节的数据。

3. FIFO 缓冲区的状态信息

MCU 可得到以下 FIFO 缓冲区状态的数据:

✧ 已经存放在 FIFO 缓冲区中的字节数: 寄存器 FIFOLevelReg 的 FIFOLevel 字段。

✧ FIFO 缓冲区已满的警告: 寄存器 Status1Reg 的 HiAlert 位。

✧ FIFO 缓冲区已空的警告: 寄存器 Status1Reg 的 LoAlert 位。

✧ 指示 FIFO 缓冲区已满时仍有字节写入: 寄存器 ErrorReg 的 BufferOvfl 位。

✧ BufferOvfl 位可通过置位 FIFOLevelReg 寄存器的 FlushBuffer 位来清零。

当出现以下情况时,MFRC522 可以产生中断信号:

✧ 如果寄存器 CommIEnReg 的 LoAlertIEn 被置位,且当寄存器 Status1Reg 的 LoAlert 位变成 1 时,管脚 IRQ 激活。

✧ 如果寄存器 CommIEnReg 的 HiAlertIEn 被置位,且当寄存器 Status1Reg 的 HiAlert 位变成 1 时,管脚 IRQ 激活。

✧ 如果 FIFO 缓冲区中只允许存放 WaterLevel 个(在寄存器 WaterLevelReg 中设置)或更少的字节,则 HiAlert 标志置位。

上述数据满足下面的等式:

$$HiAlert = (64 - FIFOLength) \leqslant WaterLevel$$

✧ 如果实际只有 WaterLevel 个或更少的字节存放在 FIFO 缓冲区中,则 LoAlert 标志置位。

同时,它们满足下面的等式:

$$LoAlert = (64 - FIFOLength) \leqslant WaterLevel$$

5.3.3 RC522 命令

RC522 的操作可由执行一系列命令的内部状态机来决定。即通过向命令寄存器写入相应的命令代码来启动命令,并且执行一个命令所需的参数和数据可通过 FIFO 缓冲区来交换。

1. 通用特性

✧ RC522 的命令可以动用 FIFO 缓冲区设置参数和数据,其操作有一些通用的特性如下:

✧ 每个需要数据流(或数据字节流)作为输入的命令在发现 FIFO 缓冲区有数据时会立刻处理,收发命令除外,收发命令的发送由寄存器 BitFramingReg 的 StartSend 位来启动。

✧ 每个需要某一数量参数的命令只有在它通过 FIFO 缓冲区接收到正确数量的参数时才能开始处理。

✧ FIFO 缓冲区不能在命令启动时自动清除。

✧ 也有可能要先将命令参数或数据字节写入 FIFO 缓冲区,再启动命令。

✧ 每个命令的执行都可能由 MCU 向命令寄存器写入一个新的命令代码(如 idle 命令)来中断。

RC522 命令有 8 个,其命令代码和描述如表 5-10 所示。

表 5-10　RC522 命令

命令	命令代码	动　　作
Idle	0000	无动作。取消当前命令的执行
CalcCRC	0011	激活 CRC 协处理器或执行自测试
Transmit	0100	发送 FIFO 缓冲区命令
NoCmd Change	0111	无命令改变。该命令用来修改命令寄存器的不同位，但又不触及其他命令，如掉电
Receive	1000	激活接收器电路
Transceive	1100	如果寄存器 ControlReg 的 Initiator 位被设为 1，则将 FIFO 缓冲区的数据发送到天线，并在发送完成后自动激活接收器。 如果寄存器 ControlReg 的 Initiator 位被设为 0，则接收天线的数据并自动激活发送器
MFAuthent	1110	执行读卡器的 Mifare 标准认证
SoftReset	1111	复位 RC522

2. Idle 命令

RC522 处于空闲模式。该命令也可用来终止实际正在执行的命令。

3. CalcCRC 命令

FIFO 的内容被传输到 CRC 协处理器并执行 CRC 计算，该命令有如下特点：

◇ 计算结果存放在 CRCResultReg 寄存器中。

◇ CRC 计算无需限制字节的数目。

◇ 当在数据流过程中 FIFO 变成空时计算也不会停止。

◇ 写入 FIFO 的下个字节增加到计算中。

◇ CRC 的预置值由寄存器 ModeReg 的 CRCPreset 位控制，该值在命令启动时装入 CRC 协处理器。

◇ 这个命令必须通过向命令寄存器写入任何一个命令(如空闲命令)来清除。

如果寄存器 AutoTestReg 的 SelfTest 位设置正确，则 MFRC522 处于自测试模式，启动 CalcCRC 命令执行一次数字自测试。自测试的结果写入 FIFO。

4. Transmit 命令

发送 FIFO 的内容。在发送 FIFO 的内容之前必须对所有相关的寄存器进行设置。该命令在 FIFO 变空后自动终止。

5. NOCmdChange 命令

该命令不会影响 CommandReg 寄存器中正在执行的任何命令。它可用来修改 CommandReg 寄存器中除命令位之外的任何位，如 RcvOff 位或 PowerDown 位。

6. Receive 命令

MF RC522 激活接收器通路，等待接收任何数据流。该命令在接收到的数据流结束时自动终止。根据所选的成帧和速度，通过帧模式结束或长度字节来指示。

7. Transceive 命令

该循环命令重复发送 FIFO 数据，并不断接收 RF 场的数据。第一个动作是发送，发送结束后命令变为接收数据流。其顺序为：发送—接收—发送—接收。

每个发送过程都在 BitFramingReg 寄存器的 StartSend 位置位时启动。TRANSCEIVE 命令通过向命令寄存器写入任何一个命令(如 idle 命令)来清除。

8. MFAuthent 命令

该命令用来处理 Mifare 认证以使能任何 Mifare 普通卡的安全通信。在命令激活前以下数据必须被写入 FIFO：

◇ 认证命令代码(0x60，0x61)。
◇ 块地址。
◇ 扇区密钥字节 0。
◇ 扇区密钥字节 1。
◇ 扇区密钥字节 2。
◇ 扇区密钥字节 3。
◇ 扇区密钥字节 4。
◇ 扇区密钥字节 5。
◇ 卡序列号字节 0。
◇ 卡序列号字节 1。
◇ 卡序列号字节 2。
◇ 卡序列号字节 3。

上述命令参数总共 12 字节，应当写入 FIFO 中。

当 MFAuthent 命令有效时，任何 FIFO 访问都被禁止。只要访问 FIFO 的操作发生，ErrorReg 寄存器的 WrErr 位就置位。

◇ 该命令在 Mifare 卡被认证且 Status2Reg 寄存器的 MFCrypto1On 位置位时自动终止。
◇ 当卡未响应时，该命令不会自动终止。因此，定时器必须初始化成自动模式。这时，除 IdleIRQ 外，TimerIRQ 也可用作终止的标准。
◇ 在认证过程中，RxIRQ 和 TxIRQ 被禁止。
◇ 认证命令结束后(处理完协议或将 IDLE 写入命令寄存器后)，只有 Crypto1On 位有效。
◇ 如果认证过程中有错误出现，则 ErrorReg 寄存器的 ProtocolErr 位置位。Status2Reg 寄存器的 Crypto1On 位清零。

9. SoftReset 命令

该命令用来执行一次器件复位，内部缓冲区的配置数据保持不变。所有寄存器都设置成复位值，命令完成后自动终止。由于 SerialSpeedReg 寄存器被复位，则串行数据速率被设置成 9600 kb/s。

5.3.4 RC522 基本指令

RC522 有 14 种基本指令集，实现不同方式的数据传输，其指令代码及含义如表 5-11

所示。

表 5-11　指令代码及含义

基本指令	指令代码	含　　义
Request Std	0x26	寻天线区内未进入休眠状态的卡
Request All	0x52	寻天线区内全部卡
AntiCollision2	0x95	防冲撞
AntiCollision1	0x93	防冲撞
Authentication_A	0x60	验证 A 密钥
Authentication_B	0x61	验证 B 密钥
Read	0x30	读块
Write	0xa0	写块
Write4	0xa2	写四字节
Increment	0xc1	加
Destore	0xc0	减
Restore	0xc2	调块数据到缓冲区
Transfer	0xb0	传送数据
No Command	0x50	休眠

5.4　高频 RFID 阅读器程序设计

高频 RFID 阅读器程序的主要工作是能够操作 RC522，并按照 Mifare 卡的规则和流程对 MF1 卡进行读写和验证。一般分为三部分：初始化程序、驱动程序和主程序。

5.4.1　初始化程序

初始化程序用于各种管脚和器件的初始化，以便能够正常进行解码。下述内容用于实现描述 5.D.1，即编写 RC522 的初始化程序。基于模块化和移植的考虑，可将本例中初始化子程序单独封装成子函数 InitAll()，具体源码如下：

【描述 5.D.1】InitAll()

```
//初始化子函数
void InitAll(void)
{
    InitPort();
    InitRc522();
    INT_Init();
    TIMER_init();

    //液晶屏显示初始化
    LCD_init();
```

```
        loc(1,0);
        LCD_display("高频 HF 读卡器:");
        loc(4,0);
        LCD_display("----请刷卡------");

        //参数，标志位初始化
        bWarn=0;
        bPass=0;
        SysTime=0;

        KeyNum=0;
        KuaiN=0;
        oprationcard=0;

        bSendID=0;
        Pass();
    }
```

InitPort()函数负责初始化相关的 I/O 端口，具体源码如下：

【描述 5.D.1】InitPort()

```
    //初始化相关的 I/O 端口
    void InitPort(void)
    {
        //蜂鸣器管脚
        DDRD   |= (1<<PD7);
        PORTD |= (1<<PD7);
        //LED 管脚
        DDRC   |= (1<<PC7);
        PORTC |= (1<<PC7);

        //初始化 H-RST,CSS,MOSI,SCK.
        DDRB   |= (1<<PB3)|(1<<PB4)|(1<<PB5)|(1<<PB7);
        //MISO
        DDRB   &= ~(1<<PB6);
        // 使能 SPI 主机模式，设置时钟速率为 fck/4
        SPCR = (1<<SPE)|(1<<MSTR);
    }
```

INT_Init()函数负责初始化外部中断的相关工作方式和参数，具体源码如下：

【描述 5.D.1】INT_Init()

```
//初始化外部中断
void INT_Init(void)
{
    //开启 INT0 中断，并初始化
    MCUCR |= (1 << ISC01);
    GICR  |= (1 << INT0);
    SREG  |= (1 << 7);

    DDRD  |=  (1 << PD2);
    PORTD |=  (1 << PD2);
    DDRD  &= ~(1 << PD2);
}
```

InitRc522()函数负责初始化 RC522 的相关配置和参数，具体源码如下：

【描述 5.D.1】InitRc522()

```
//初始化 RC522
void InitRc522(void)
{
    //重启天线
    PcdReset();
    PcdAntennaOff();
    PcdAntennaOn();
    //初始化工作类型为 ISO14443 TYPE A
    M500PcdConfigISOType( 'A' );
}
```

TIMER_init()函数负责初始化定时器的相关配置，具体源码如下：

【描述 5.D.1】TIMER_init()

```
//初始化定时器
void TIMER_init(void)
{
    //初始化定时器 0
    TCCR0 |= (1 << CS02) + (1 << CS00);
    TIMSK |= (1 << TOIE0);
    TCNT0  = 256 - 61;

    SREG |= (1 << 7);
}
```

5.4.2 驱动程序

驱动程序是 RC522 能够正确解码的相关读写、命令设置等函数。下述内容用于实现描述 5.D.2,即编写 RC522 的相关驱动程序。

SPIReadByte()函数负责使用 SPI 端口读入一个 Byte,具体源码如下:

【描述 5.D.2】SPIReadByte()

```
//使用 SPI 端口读入一个 byte
unsigned char SPIReadByte(void)
{
    unsigned long i=60000;

    // 启动数据传输
    SPDR = 0XFF;
    // 等待传输结束
    while(i--){
        if(SPSR & (1<<SPIF)) break;
    }

    return SPDR;
}
```

SPIWriteByte()函数负责使用 SPI 端口写入一个 Byte,具体源码如下:

【描述 5.D.2】SPIWriteByte()

```
//使用 SPI 端口写入一个 Byte
void SPIWriteByte(unsigned char   SPIData)
{
    unsigned long i=60000;

    // 启动数据传输
    SPDR = SPIData;
    // 等待传输结束
    while(i--){
        if(SPSR & (1<<SPIF))
            break;
    }
}
```

PcdRequest()函数负责寻卡的相关操作和功能,具体源码如下:

【描述 5.D.2】PcdRequest()

```
/////////////////////////////////////////////////////////////
```

//功　　能：寻卡

//参数说明: req_code[IN]:寻卡方式

//　　　　　　　 0x52 = 寻感应区内所有符合 14443A 标准的卡

//　　　　　　　 0x26 = 寻未进入休眠状态的卡

//　　　 pTagType[OUT]：卡片类型代码

//　　　　　　　 0x4400 = Mifare_UltraLight

//　　　　　　　 0x0400 = Mifare_One(S50)

//　　　　　　　 0x0200 = Mifare_One(S70)

//　　　　　　　 0x0800 = Mifare_Pro(X)

//　　　　　　　 0x4403 = Mifare_DESFire

//返　　回: 成功返回 MI_OK

///

```
unsigned char PcdRequest(unsigned char   req_code,unsigned char *pTagType)
{
    unsigned char   status;
    unsigned int   unLen;
    unsigned char   ucComMF522Buf[MAXRLEN];     //18

    //清除标志位
    ClearBitMask(Status2Reg,0x08);
    WriteRawRC(BitFramingReg,0x07);
    SetBitMask(TxControlReg,0x03);

    ucComMF522Buf[0] = req_code;
    //读取状态字
    status = PcdComMF522(PCD_TRANSCEIVE,ucComMF522Buf,1,ucComMF522Buf,&unLen);

    if ((status == MI_OK) && (unLen == 0x10))
    {
        *pTagType = ucComMF522Buf[0];
        *(pTagType+1) = ucComMF522Buf[1];
    }
    else
    {status = MI_ERR;}

    return status;
}
```

PcdAnticoll()函数负责防冲撞算法，具体源码如下：

【描述 5.D.2】PcdAnticoll()

```
///////////////////////////////////////////////////////////
//功    能：防冲撞
//参数说明: pSnr[OUT]:卡片序列号，4 字节
//返    回: 成功返回 MI_OK
///////////////////////////////////////////////////////////
unsigned char PcdAnticoll(unsigned char *pSnr)
{
    unsigned char    status;
    unsigned char    i,snr_check=0;
    unsigned int    unLen;
    unsigned char    ucComMF522Buf[MAXRLEN];
    //清除标志位
    ClearBitMask(Status2Reg,0x08);
    WriteRawRC(BitFramingReg,0x00);
    ClearBitMask(CollReg,0x80);

    ucComMF522Buf[0] = PICC_ANTICOLL1;
    ucComMF522Buf[1] = 0x20;
    //读取状态字
    status =
PcdComMF522(PCD_TRANSCEIVE,ucComMF522Buf,2,ucComMF522Buf,&unLen);

    if(status == MI_OK)
    {
        for (i=0; i<4; i++)
        {
            *(pSnr+i)    = ucComMF522Buf[i];
            snr_check ^= ucComMF522Buf[i];
        }
        if (snr_check != ucComMF522Buf[i])
        {
            status = MI_ERR;
        }
    }

    SetBitMask(CollReg,0x80);
    return status;
}
```

PcdSelect()函数负责选定卡片，具体源码如下：

【描述 5.D.2】PcdSelect()

```
//////////////////////////////////////////////////////////////
//功      能：选定卡片
//参数说明: pSnr[IN]:卡片序列号，4 字节
//返      回: 成功返回 MI_OK
//////////////////////////////////////////////////////////////
unsigned char PcdSelect(unsigned char *pSnr)
{
    unsigned char    status;
    unsigned char    i;
    unsigned int     unLen;
    unsigned char    ucComMF522Buf[MAXRLEN];

    ucComMF522Buf[0] = PICC_ANTICOLL1;
    ucComMF522Buf[1] = 0x70;
    ucComMF522Buf[6] = 0;
    //存入 buffer
    for (i=0; i<4; i++)
    {
        ucComMF522Buf[i+2] = *(pSnr+i);
        ucComMF522Buf[6]    ^= *(pSnr+i);
    }
    //计算校验码
    CalulateCRC(ucComMF522Buf,7,&ucComMF522Buf[7]);
    ClearBitMask(Status2Reg,0x08);

    status = PcdComMF522(PCD_TRANSCEIVE,ucComMF522Buf,9,ucComMF522Buf,&unLen);
    if ((status == MI_OK) && (unLen == 0x18))
    {
        status = MI_OK;
    }
    else
    {
        status = MI_ERR;
    }

    return status;
}
```

PcdAuthState()函数负责验证卡片密码，具体源码如下：

【描述 5.D.2】PcdAuthState()

```
///////////////////////////////////////////////////////////
//功    能：验证卡片密码
//参数说明: auth_mode[IN]: 密码验证模式
//                0x60 = 验证 A 密钥
//                0x61 = 验证 B 密钥
//          addr[IN]: 块地址
//          pKey[IN]: 密码
//          pSnr[IN]: 卡片序列号，4 字节
//返    回: 成功返回 MI_OK
///////////////////////////////////////////////////////////
unsigned char PcdAuthState(unsigned char    auth_mode,unsigned char    addr,unsigned char
*pKey,unsigned char *pSnr)
    {
        unsigned char    status;
        unsigned int    unLen;
        unsigned char    i,ucComMF522Buf[MAXRLEN];

        ucComMF522Buf[0] = auth_mode;
        ucComMF522Buf[1] = addr;
        //存入密码
        for (i=0; i<6; i++)
        {
            ucComMF522Buf[i+2] = *(pKey+i);
        }
        for (i=0; i<6; i++)
        {
            ucComMF522Buf[i+8] = *(pSnr+i);
        }
        status = PcdComMF522(PCD_AUTHENT,ucComMF522Buf,12,ucComMF522Buf,&unLen);
        if ((status != MI_OK) || (!(ReadRawRC(Status2Reg) & 0x08)))
        {
            status = MI_ERR;
        }

        return status;
    }
```

PcdRead()函数负责读取 M1 卡的一块数据，具体源码如下：

【描述 5.D.2】PcdRead()

```
/////////////////////////////////////////////////////////////
//功    能：读取 M1 卡一块数据
//参数说明: addr[IN]：块地址
//          pData[OUT]：读出的数据，16 字节
//返    回: 成功返回 MI_OK
/////////////////////////////////////////////////////////////
unsigned char PcdRead(unsigned char   addr,unsigned char *pData)
{
    unsigned char    status;
    unsigned int    unLen;
    unsigned char    i,ucComMF522Buf[MAXRLEN];

    ucComMF522Buf[0] = PICC_READ;
    ucComMF522Buf[1] = addr;
    CalulateCRC(ucComMF522Buf,2,&ucComMF522Buf[2]);

    status = PcdComMF522(PCD_TRANSCEIVE,ucComMF522Buf,4,ucComMF522Buf,&unLen);
    if ((status == MI_OK) && (unLen == 0x90))
    {
        for (i=0; i<16; i++)
        {
            *(pData+i) = ucComMF522Buf[i];
        }
    }
    else
    {
        status = MI_ERR;
    }

    return status;
}
```

PcdWrite()函数负责写数据到 M1 卡的一块，具体源码如下：

【描述 5.D.2】PcdWrite()

```
/////////////////////////////////////////////////////////////
//功    能：写数据到 M1 卡的一块
//参数说明: addr[IN]：块地址
```

```c
//          pData[IN]: 写入的数据, 16 字节
//返      回: 成功返回 MI_OK
/////////////////////////////////////////////////////////////////
unsigned char PcdWrite(unsigned char    addr,unsigned char *pData)
{
    unsigned char    status;
    unsigned int    unLen;
    unsigned char    i,ucComMF522Buf[MAXRLEN];

    ucComMF522Buf[0] = PICC_WRITE;
    ucComMF522Buf[1] = addr;
    CalulateCRC(ucComMF522Buf,2,&ucComMF522Buf[2]);

    status = PcdComMF522(PCD_TRANSCEIVE,ucComMF522Buf,4,ucComMF522Buf,&unLen);

    if ((status != MI_OK) || (unLen != 4) || ((ucComMF522Buf[0] & 0x0F) != 0x0A))
    {
        status = MI_ERR;
    }
    if (status == MI_OK)
    {
        //memcpy(ucComMF522Buf, pData, 16);
        for (i=0; i<16; i++)
        {
            ucComMF522Buf[i] = *(pData+i);
        }
    CalulateCRC(ucComMF522Buf,16,&ucComMF522Buf[16]);

    status = PcdComMF522(PCD_TRANSCEIVE,ucComMF522Buf,18,ucComMF522Buf,&unLen);
    if ((status != MI_OK) || (unLen != 4) || ((ucComMF522Buf[0] & 0x0F) != 0x0A))
    {
        status = MI_ERR;
    }
    }

    return status;
}
```

PcdHalt()函数负责命令卡片进入休眠状态,具体源码如下:

【描述 5.D.2】PcdHalt()

```
/////////////////////////////////////////////////////////////////
//功      能：命令卡片进入休眠状态
//返      回：成功返回 MI_OK
/////////////////////////////////////////////////////////////////
unsigned char PcdHalt(void)
{
      unsigned int    unLen;
      unsigned char   ucComMF522Buf[MAXRLEN];

      ucComMF522Buf[0] = PICC_HALT;
      ucComMF522Buf[1] = 0;
      CalulateCRC(ucComMF522Buf,2,&ucComMF522Buf[2]);

      PcdComMF522(PCD_TRANSCEIVE,ucComMF522Buf,4,ucComMF522Buf,&unLen);

      return MI_OK;
}
```

CalulateCRC()函数负责用 MF522 计算 CRC16 函数，具体源码如下：

【描述 5.D.2】CalulateCRC()

```
/////////////////////////////////////////////////////////////////
//用 MF522 计算 CRC16 函数
/////////////////////////////////////////////////////////////////
void CalulateCRC(unsigned char *pIndata,unsigned char    len,unsigned char *pOutData)
{
      unsigned char    i,n;
      ClearBitMask(DivIrqReg,0x04);
      WriteRawRC(CommandReg,PCD_IDLE);
      SetBitMask(FIFOLevelReg,0x80);
      for (i=0; i<len; i++)
      {
            WriteRawRC(FIFODataReg, *(pIndata+i));    }
            WriteRawRC(CommandReg, PCD_CALCCRC);
            i = 0xFF;
            do{
                  n = ReadRawRC(DivIrqReg);
                  i--;
            }
```

```
        while ((i!=0) && !(n&0x04));
        pOutData[0] = ReadRawRC(CRCResultRegL);
        pOutData[1] = ReadRawRC(CRCResultRegM);
    }
```

PcdReset()函数负责复位 RC522，具体源码如下：

【描述 5.D.2】PcdReset()

```
/////////////////////////////////////////////////////////////////
//功    能：复位 RC522
//返    回：成功返回 MI_OK
/////////////////////////////////////////////////////////////////
unsigned char PcdReset(void)
{
    //PORTD|=(1<<RC522RST);
    SET_RC522RST;
    delay_ns(10);
    CLR_RC522RST;
    delay_ns(10);
    SET_RC522RST;
    delay_ns(10);
    WriteRawRC(CommandReg,PCD_RESETPHASE);
    delay_ns(10);
    //和 Mifare 卡通讯，CRC 初始值 0x6363
    WriteRawRC(ModeReg,0x3D);
    WriteRawRC(TReloadRegL,30);
    WriteRawRC(TReloadRegH,0);
    WriteRawRC(TModeReg,0x8D);
    WriteRawRC(TPrescalerReg,0x3E);
    //必须要
    WriteRawRC(TxAutoReg,0x40);

    return MI_OK;
}
```

M500PcdConfigISOType()函数负责设置 RC522 的工作方式，具体源码如下：

【描述 5.D.2】M500PcdConfigISOType()

```
/////////////////////////////////////////////////////////////////
//设置 RC522 的工作方式
/////////////////////////////////////////////////////////////////
unsigned char M500PcdConfigISOType(unsigned char   type)
```

```
{
        //设置工作方式为 ISO14443_A
        if (type == 'A')
        {
                ClearBitMask(Status2Reg,0x08);
                WriteRawRC(ModeReg,0x3D);
                WriteRawRC(RxSelReg,0x86);
                WriteRawRC(RFCfgReg,0x7F);
                WriteRawRC(TReloadRegL,30);
                WriteRawRC(TReloadRegH,0);
                WriteRawRC(TModeReg,0x8D);
                WriteRawRC(TPrescalerReg,0x3E);
                delay_ns(1000);
                PcdAntennaOn();
        }
        else
        {
                return 1;
        }

        return MI_OK;
}
```

ReadRawRC()函数负责读 RC522 寄存器，具体源码如下：

【描述 5.D.2】ReadRawRC()

```
/////////////////////////////////////////////////////////////////
//功    能：读 RC522 寄存器
//参数说明：Address[IN]:寄存器地址
//返    回：读出的值
/////////////////////////////////////////////////////////////////
unsigned char ReadRawRC(unsigned char    Address)
{
        unsigned char    ucAddr;
        unsigned char    ucResult=0;
        CLR_SPI_CS;
        ucAddr = ((Address<<1)&0x7E)|0x80;

        SPIWriteByte(ucAddr);
        ucResult=SPIReadByte();
```

```
            SET_SPI_CS;
            return ucResult;
        }
```

WriteRawRC()函数负责写 RC522 寄存器，具体源码如下：

【描述 5.D.2】WriteRawRC()

```
//////////////////////////////////////////////////////////////////////
//功      能：写 RC522 寄存器
//参数说明：Address[IN]:寄存器地址
//           value[IN]:写入的值
//////////////////////////////////////////////////////////////////////
void WriteRawRC(unsigned char   Address, unsigned char   value)
{
        unsigned char   ucAddr;

        CLR_SPI_CS;
        ucAddr = ((Address<<1)&0x7E);

        SPIWriteByte(ucAddr);
        SPIWriteByte(value);
        SET_SPI_CS;
}
```

SetBitMask()函数负责置 RC522 寄存器位，具体源码如下：

【描述 5.D.2】SetBitMask()

```
//////////////////////////////////////////////////////////////////////
//功      能：置 RC522 寄存器位
//参数说明：reg[IN]:寄存器地址
//           mask[IN]:置位值
//////////////////////////////////////////////////////////////////////
void SetBitMask(unsigned char   reg,unsigned char   mask)
{
        unsigned char   tmp = 0x0;
        tmp = ReadRawRC(reg);
        WriteRawRC(reg,tmp | mask);    // set bit mask
}
```

ClearBitMask()函数负责清 RC522 寄存器位，具体源码如下：

【描述 5.D.2】ClearBitMask()

```
//////////////////////////////////////////////////////////////////////
//功      能：清 RC522 寄存器位
```

```
//参数说明：reg[IN]:寄存器地址
//          mask[IN]:清位值
/////////////////////////////////////////////////////////////////
void ClearBitMask(unsigned char    reg,unsigned char    mask)
{
    unsigned char    tmp = 0x0;
    tmp = ReadRawRC(reg);
    WriteRawRC(reg, tmp & ~mask);    // clear bit mask
}
```

PcdComMF522()函数负责通过 RC522 和 ISO14443 卡进行通信，传递相关参数和数据，具体源码如下：

【描述 5.D.2】PcdComMF522()

```
/////////////////////////////////////////////////////////////////
//功    能：通过 RC522 和 ISO14443 卡通讯
//参数说明：Command[IN]:RC522 命令字
//          pInData[IN]:通过 RC522 发送到卡片的数据
//          InLenByte[IN]:发送数据的字节长度
//          pOutData[OUT]:接收到的卡片返回数据
//          *pOutLenBit[OUT]:返回数据的位长度
/////////////////////////////////////////////////////////////////
unsigned char PcdComMF522(unsigned char    Command,
                unsigned char *pInData,
                unsigned char    InLenByte,
                unsigned char *pOutData,
                unsigned int *pOutLenBit)
{
    unsigned char    status = MI_ERR;
    unsigned char    irqEn   = 0x00;
    unsigned char    waitFor = 0x00;
    unsigned char    lastBits;
    unsigned char    n;
    unsigned int    i;
    //分析命令
    switch (Command)
    {
        case PCD_AUTHENT:
            irqEn   = 0x12;
            waitFor = 0x10;
```

```
                break;
        case PCD_TRANSCEIVE:
                irqEn    = 0x77;
                waitFor = 0x30;
                break;
        default:
                break;
}
//写命令
WriteRawRC(ComIEnReg,irqEn|0x80);
ClearBitMask(ComIrqReg,0x80);
WriteRawRC(CommandReg,PCD_IDLE);
SetBitMask(FIFOLevelReg,0x80);

for (i=0; i<InLenByte; i++)
{
        WriteRawRC(FIFODataReg, pInData[i]);
}
WriteRawRC(CommandReg, Command);

if (Command == PCD_TRANSCEIVE)
{
        SetBitMask(BitFramingReg,0x80);
}

//根据时钟频率调整，操作 M1 卡最大等待时间 25ms
i = 2000;
do{
        n = ReadRawRC(ComIrqReg);
        i--;
}
while ((i!=0) && !(n&0x01) && !(n&waitFor));
ClearBitMask(BitFramingReg,0x80);

if (i!=0)
{
        if(!(ReadRawRC(ErrorReg)&0x1B))
        {
                status = MI_OK;
```

```
            if (n & irqEn & 0x01)
            {
                status = MI_NOTAGERR;
            }
            if (Command == PCD_TRANSCEIVE)
            {
                n = ReadRawRC(FIFOLevelReg);
                lastBits = ReadRawRC(ControlReg) & 0x07;
                if (lastBits)
                {
                    *pOutLenBit = (n-1)*8 + lastBits;
                }
                else
                {
                    *pOutLenBit = n*8;
                }
                if (n == 0)
                {
                    n = 1;
                }
                if (n > MAXRLEN)
                {
                    n = MAXRLEN;
                }
                for (i=0; i<n; i++)
                {
                    pOutData[i] = ReadRawRC(FIFODataReg);
                }
            }
        }
        else
        {
            status = MI_ERR;
        }
    }
    SetBitMask(ControlReg,0x80);
    WriteRawRC(CommandReg,PCD_IDLE);
    return status;
}
```

PcdAntennaOn()函数负责开启天线，具体源码如下：

【描述 5.D.2】PcdAntennaOn()

```
/////////////////////////////////////////////////////////////
//开启天线
//每次启动或关闭天线发射之间应至少有 1ms 的间隔
/////////////////////////////////////////////////////////////
void PcdAntennaOn(void)
{
    unsigned char   i;
    i = ReadRawRC(TxControlReg);
    if (!(i & 0x03))
    {
        SetBitMask(TxControlReg, 0x03);
    }
}
```

PcdAntennaOff( )函数负责关闭天线，具体源码如下：

【描述 5.D.2】PcdAntennaOff()

```
/////////////////////////////////////////////////////////////
//关闭天线
/////////////////////////////////////////////////////////////
void PcdAntennaOff(void)
{
    ClearBitMask(TxControlReg, 0x03);
}
```

5.4.3 主程序

主函数 main()存放在 main.c 文件中，除了相关初始化函数和主循环外，还要定义一些必需的宏定义和头文件等。下述内容用于实现描述 5.D.3，即驱动 RC522 读取 Mifare 卡的数据，详细代码清单如下：

【描述 5.D.3】main( )

```
/****************** 头文件 ******************/
#include "include.h"
/****************** 声明变量******************/
uchar   NewKey[16]={0x00,0x00,0x00,0x00,0x00,0x00,
                    0xff,0x07,0x80,0x69,
                    0x00,0x00,0x00,0x00,0x00,0x00};

unsigned char   Read_Data[16]={0x00};
```

```
uchar    PassWd[6]={0x00};
uchar    WriteData[16];
unsigned char    RevBuffer[30];
unsigned char    MLastSelectedSnr[4];

unsigned char __flash ASCII[] = "0123456789ABCDEF";

uint    KeyNum,KuaiN;
uchar    bWarn,bPass;
uchar    SysTime;
uint     Disptime;
uchar    oprationcard,bSendID;
/****************** 子函数 ******************/
void TIMER_init();

extern unsigned char PcdReset(void);
extern unsigned char PcdRequest(unsigned char req_code,unsigned char *pTagType);
extern void PcdAntennaOn(void);
extern void PcdAntennaOff(void);
extern unsigned char M500PcdConfigISOType(unsigned char type);
extern unsigned char PcdAnticoll(unsigned char *pSnr);
extern unsigned char PcdSelect(unsigned char *pSnr);
extern unsigned char PcdAuthState(unsigned char auth_mode,unsigned char addr,unsigned char
*pKey,unsigned char *pSnr);
extern unsigned char PcdWrite(unsigned char addr,unsigned char *pData);
extern unsigned char PcdRead(unsigned char addr,unsigned char *pData);
extern unsigned char PcdHalt(void);

/****************** 主函数 ******************/
void main(void)
{
    //初始化
    InitAll();
    //主循环
    while(1)
    {

        if(KeyNum==N_1)
        {
```

```
            oprationcard = SENDID;
        }
        if(bWarn)
        {
            bWarn=0;
            Warn();
        }
        if(bPass)
        {
            bPass=0;
            Pass();
        }

        if(SysTime >= 2)
        {
            SysTime=0;
            ctrlprocess();
        }
        if(Disptime >= 120)
        {
            Disptime = 0;
            loc(3,0);
            LCD_display("                ");
            KeyNum = N_1;
        }
    }
}
```

5.4.4 中断服务函数

中断服务程序用于处理外部中断的相关事务，本例中包含定时器 0 的溢出中断 TIMER0_OVF_vect 和外部中断 0 INT0_vect 的中断服务函数，具体源码如下：

【描述 5.D.3】中断服务函数

```
/*************** 中断服务函数 ***************/

//定时器 0 溢出中断
#pragma vector=TIMER0_OVF_vect
__interrupt    void TIMER0_OVF_Server(void)
{
```

```
        TCNT0 = 256 - 61;

        SysTime++;

        Disptime++;

    }

    //外部中断 0

    #pragma vector=INT0_vect

    __interrupt void INT0_Server(void)

    {

        KeyNum = N_1;

    }
```

小　结

通过本章的学习，读者应该能够掌握：

◆ Mifare 是 NXP(前身为飞利浦半导体)所拥有的 13.56 MHz 非接触性辨识技术。

◆ Mifare MF1 是符合 ISO/IEC 14443A 的非接触智能卡。

◆ 1024 × 8 bit EEPROM 存储器分为 16 区，每区 4 块，每块 16 字节。

◆ 读写控制位管理者使用密钥 A 和 B 读写存储器的权限。

◆ MF RC522 是应用于 13.56 MHz 非接触式通信中高集成度读写卡系列芯片中的一员。

◆ MF RC522 包含一个 64 × 8 位的 FIFO 缓冲区。它用来缓存主机 MCU 和 MFRC522 的内部状态机之间的输入和输出数据流。

◆ RC522 的操作可由执行一系列命令的内部状态机来决定。

习　题

1. 下述选项中，不是 Mifare 卡特点的是_____。

A. 容量大　　　　　　　　　　　　B. 循环送出卡号

C. 可靠性高　　　　　　　　　　　D. 适合一卡多用

2. 在 MF1 S50 卡中，每个扇区的尾块存放有_____。

A. 四个块的读写条件　　　　　　　B. 供应商信息

C. 容量信息　　　　　　　　　　　D. 序列号

3. MF RC522 是应用于____MHz 非接触式通信中高集成度读写卡系列芯片中的一员。

4. MF RC522 包含一个 64 × 8 位的_____。它用来缓存主机 MCU 和 MF RC522 的内部状态机之间的输入和输出数据流。

5. 简述 Mifare 卡中三轮认证的过程。

第6章 超高频 RFID 阅读器应用

本章目标

◆ 了解超高频 RFID 的特点。
◆ 理解超高频 RFID 的协议标准。
◆ 了解 ISO/IEC 18000-6 标准。
◆ 了解 EPC C1 Gen2 的特点。
◆ 掌握 EPC C1 Gen2 的技术特点。
◆ 了解超高频 RFID 的现状。

学习导航

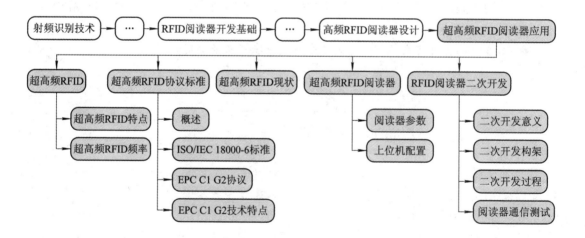

任务描述

➤【描述 6.D.1】
熟悉超高频 RFID 阅读器的上位机软件界面。

➤【描述 6.D.1】
发送"读取阅读器信息"命令，并解析其返回数据。

6.1　超高频 RFID

超高频 RFID 技术具有一次性读取多个标签、穿透性强、可多次读写、数据的记忆容量大等特点。并且电子标签成本低、体积小、使用方便，可靠性和寿命都比较高，目前正在得到越来越广泛的应用，也被认为是最具有发展前途的物联网典型应用。

本章将从超高频 RFID 的特点开始，讲解其协议和现状，然后讲解超高频 RFID 阅读器的应用和对其进行二次开发的方法。

6.1.1　超高频 RFID 特点

超高频 RFID 技术是目前射频识别技术最活跃的技术领域之一。超高频 RFID 相对于低频和高频 RFID 而言，特点如下：

1. 工作距离

超高频 RFID 与低频、高频的应答器相比，工作在超高频频段的应答器应具有较远的读写距离，通常大于 1m。随着有源应答器的广泛应用，读写距离进一步扩展。由于有较远的读写距离，RFID 技术在物流、供应链管理、门禁等领域获得了广泛的应用。

2. 天线

在超高频频段，应答器的天线尺寸较小，天线的小型化和微型化设计成为保证应答器技术性能的重点和难点，并催生了很多天线设计制造的新技术。

3. 防碰撞

在超高频频段，由于工作距离较远，所以在一个阅读器的有效工作范围内，可能同时出现的应答器的数量会增加，因此必须具有较快的、有效的处理碰撞的能力。此外，在一些应用中会出现密集阅读器的情况，因此阅读器之间的相互干扰问题也需要有较好的对策。

4. 应答器功能

应答器除存储有识别数据外，还可以集成传感器，如温度传感器、应力传感器等。在对温度敏感的物体(如生鲜食品、药品、生物制品)运输过程中，将 RFID 温度监测器放入物品包装或货箱中，就可以实现基于 RFID 物品的温度检测。超高频应答器的一种重要应用是作为商品射频标签。为了维护顾客的隐私权，在这里应用的应答器还具有自毁功能，可通过阅读器发出的 KILL 命令来实现。

6.1.2　超高频 RFID 频率

在 RFID 术语中，通常所指的超高频 RFID 工作频率为 433 MHz、866～960 MHz 和 2.45 GHz 三个频段。目前全球超高频 RFID 的工作频率在 860～960 MHz 频段。这是因为射频识别系统将应用于全世界，然而在全球找不到一个超高频 RFID 可以适用的共同频率。所以与低频和高频 RFID 相比，860～960 MHz 频段的超高频 RFID 频率并不统一。出于各方面的考虑，各国和地区对工作频率的范围、发射功率的大小、调频技术信道宽度等都有不同的分配，这也是目前制约超高频 RFID 发展的一个因素。

我国信息产业部于 2007 年正式发布 800/900MHz 频段射频识别(RFID)技术应用试行规定的通知，划定了两个频段 RFID 技术的具体使用频率。该试行规定出于两方面的审慎考虑，一方面是从我国无线电频率划分和产业发展的实际情况出发，另一方面则是与国际相关标准相衔接。各国和地区超高频 RFID 频率划分如表 6-1 所示。

表 6-1　超高频频率划分

国家	划定情况	UHF 频段
美国	已划定	902～928 MHz
欧盟	已划定	865～868 MHz
日本	已划定	952～954 MHz
澳大利亚	已划定	920～926 MHz
印度	已划定	865～867 MHz
中国	已划定	840～845 MHz 920～925 MHz

6.2　超高频 RFID 协议标准

目前 RFID 存在三个主要的技术标准体系：美国麻省理工学院(MIT)Auto IDCenter(自动识别中心)的 EPC 标准体系、日本的 Ubiquitous IDCenter(泛在 ID 中心，UIC)标准体系和 ISO 标准体系。

6.2.1　概述

在超高频频段，空中接口标准采用 ISO/IEC 18000 标准，其中 ISO/IEC 18000-7 是 433 MHz 标准，ISO/IEC 18000-6 是 860～960 MHz 标准，ISO/IEC 18000-4 是 2.45GHz 标准。其行业标准如下：

1. EPC Global

EPC Global 是由美国统一代码协会(UCC)和欧洲物品编码协会于 2003 年 9 月共同成立的非营利性组织，其前身是 1999 年 10 月 1 日在美国麻省理工学院成立的非营利性组织 Auto ID Center。Auto ID 中心以创建"物联网"(Internet of Things)为使命，与众多企业成员共同制定一个统一的开放技术标准。旗下有沃尔玛集团、英国 Tesco 等 100 多家欧美的零售流通企业，同时由微软、飞利浦、Auto ID Lab 等公司提供技术研究支持。

目前 EPC Global 已在加拿大、日本、中国等国建立了分支机构，专门负责 EPC 代码段在这些国家的分配与管理、EPC 相关技术标准的制定、EPC 相关技术在本国的宣传普及以及推广应用等工作。EPC Global "物联网"体系架构由 EPC 编码、EPC 标签及读写器、EPC 中间件、ONS(Object Naming Service)服务器和 EPCIS(EPC Information Services)服务器等部分构成。EPC 编码是 EPC 赋予物品唯一的电子编码，其位长通常为 64 位或 96 位，也可扩展为 256 位。对不同的应用规定有不同的编码格式，主要存放企业代码、商品代码和序列号等。最新的 EPC Class1 Gne2 标准的 EPC 编码可兼容多种编码。

2. UbiquitousID

日本在电子标签方面的发展，始于 20 世纪 80 年代中期的实时嵌入式系统 TRON(TheRealtime Operating system Nucleus)。T-Engine 是其核心的体系架构。在 T-Engine 论坛的领导下，泛在 D 中心于 2002 年 12 月成立，并得到日本政府经产省和总务省以及大企业的支持，目前包括微软、索尼、三菱、日立、日电、东芝、夏普、富士通、NTFDoCoMo、KDDI、J-Phone、伊藤忠、大日本印刷、凸版印刷、理光等重量级企业。泛在 D 中心的泛在识别技术体系架构由泛在识别码(uCode)、信息系统服务器、泛在通信器和 uCode 解析服务器等四部分构成。

3. ISO 标准体系

国际标准化组织(ISO)以及其他国际标准化机构，如国际电工委员会、国际电信联盟(ITU)等是 RFID 国际标准的主要制定机构。大部分 RFID 标准都是由 ISO(或与 IEC 联合组成)的技术委员会或分技术委员会制定的。ISO/IEC 18000-6 系列标准包括 ISO/IEC 18000-6 TYPE A、ISO/IEC 18000-6 TYPE B 和 ISO/IEC 18000-6 TYPE C 三种类型。而 6B 和 6C 协议是在设计超高频 RFID 读写器时常用的两种标准。其中，6C 是将 EPC Classl Gen2(EPC C1 G2)协议作适当修改，并于 2005 年由 ISO/IEC 在新加坡会议列入 ISO/IEC 18000-6 系列的，这也是在本书配套读写器上实现的协议。

6.2.2 ISO/IEC 18000-6 标准

ISO/IEC18000-6 标准的 TYPE A、TYPE B、TYPE C 部分技术特征比较如表 6-2 所示。

表 6-2 ISO/IEC18000-6 标准

技术特征		TYPE A	TYPE B	TYPE C
阅读器到标签	工作频段	860～960 MHz	860～960 MHz	860～960 MHz
	速率	33 kb/s	10 kb/s 或 40 kb/s	26.7～128 kb/s
	调制方式	ASK	ASK	DSB-ASK、SSB-ASK 或 PR-ASK
	编码方式	PIE	Manchester	PIE
标签到阅读器	副载波频率	未用	未用	40～840 kHz
	速率	40 kb/s	40kb/s	FM0：40～640 kb/s 子载频调制：5～320 kb/s
	调制方式	ASK	ASK	由标签选择 ASK 或 PSK
	编码方式	FM0	FM0	由标签选择 FM0 或 Miller 调制子载波
	唯一识别符长度	64 bit	64 bit	可变，最小 16 bit，最大 496 bit
防碰撞	算法	ALOHA	Adaptive binary tree	时隙随机反碰撞
	类型	概率	概率	概率
	线性	在 250 个标签的查询区域内，自适应时隙为 250 个标签分配多达 256 个时隙，基本呈线性	多达 2256 个标签基本呈线性，由数据内容的大小决定	在查询其阅读场内，多达 215 个标签，呈线性，大于此数的具有唯一 EPC 的标签呈 NlogN
	标签查询能力	算法允许在阅读器阅读区内阅读不少于 250 个标签	算法允许在阅读器阅读区内阅读不少于 250 个标签	具有唯一 UII 的标签，数量不受限制

从上表可以看出，在技术性能和指标上 ISO/IEC18000-6C 比 ISO/IEC18000-6A 和 ISO/IEC18000-6B 更加完善和先进，已被美国国防部和国际上大的物流厂商(如沃尔玛)所认可。值得注意的是，ISO/IEC 的联合工作组又对 ISO/IEC18000-6C 标准进行延伸，在其基础上制定了带传感器的半无源标签的通信协议标准(即 ISO/IEC18000-6D)。

目前来说，TypeC(EPC Cl G2)协议与 TypeA 和 TypeB 协议相比具有比较明显的优势。

6.2.3 EPC C1 G2 协议

EPC C1 G2 的获批对于 RFID 技术的应用和推广具有非常重要的意义，它为在供应链应用中使用的 UHF RFID 提供了全球统一的标准，给物流行业带来了革命性的变革，推动了供应链管理和物流管理向智能化方向发展。

1. 协议概述

2004 年 12 月 16 日，非营利性标准化组织 EPC Global 批准向 EPC Global 成员和签订了 EPC Global IP 协议的单位免收专利费的空中接口新标准 EPC Gen2。这一标准是无线射频识别(RFID)技术、互联网和产品电子代码(EPC)组成的 EPC Global 网络的基础。

UHF 第二代空中接口协议，是由全球 60 多家顶级公司开发的并达成一致用于满足终端用户需求的标准，是在现有 4 个标签标准的基础上整合并发展而来的。这四个标准是英国大不列颠科技集团(BTG)的 ISO-180006A 标准、美国 Intermec 科技公司(Intermec Technologies)的 ISO-180006B 标准、美国 Matrics 公司(近期被美国 Symbol 科技公司收购)的 Class 0 标准和 Alien Technology 公司的 Class 1 标准。

Gen2 协议标准的制定单位及其标准基础决定了其与第一代标准相比具有更高的优越性，这一新标准具有全面的框架结构和较强的功能，能够在高密度读写器的环境中工作，符合全球管制条例，而且标签读取正确率较高，读取速度较快，安全性和隐私功能都有所增强。它克服了 EPC Global 以前 Class0 和 Class1 的很多限制。

2. EPC Gen2 的优点

具体来说，EPC Gen2 协议标准的优点主要如下：

1) 标准开放

EPC Global 批准的 EPC Gen2 标准对 EPC Global 成员和签订了 EPC Global IP 协议的单位免收专利费，允许这些厂商着手生产基于该标准的产品，如标签和读写器。这意味着更多的技术提供商可以据此标准在不交纳专利授权费的情况下生产符合供应商、制造商和终端用户需要的产品，也减少了终端用户部署 RFID 系统的费用，可以吸引更多的用户采用 RFID 技术。同时，人们也可以从多种渠道获得标签，进一步促进了标签价格的降低。

2) 容量大

超高频 RFID 芯片尺寸可以缩小到现有版本的一半至三分之一，从而进一步扩大了其使用范围，满足了多种应用场合的需要。例如，芯片可以更容易地缝在衣服的接缝里，夹在纸板中间，成型在塑料或橡胶内，整合在顾客的包装设计中。

3) 安全性

标签的存储能力也增加了，Gen2 标签在芯片中有 96 字节的存储空间，为了更好地保护存储在标签和相应数据库中的数据，在 Unconceal(公开)、Unlock(解锁) 和 Kill(灭活)指令中都设置了专门的口令，使得标签不能随意被公开、解锁和灭活。标签具有更好的安全加密功能，保证读写器在读取信息的过程中不会把数据扩散出去。

4) 兼容性

目前 RFID 存在两个技术标准阵营，一个是总部设在美国麻省理工学院的 Auto ID Center，另一个是日本的 Ubiquitous ID Center(UID)。日本的 UID 标准和欧美的 EPC 标准在使用无线频段、信息位数和应用领域等都存在着诸多差异。

✧ 日本的 RFID 采用的频段为 2.45 GHz 和 13.56 MHz，欧美的 EPC 标准采用的是 UHF 频段，如 902～928 MHz。

✧ 日本的电子标签的信息位数为 128 位，EPC 标准的信息位数为 96 位。

✧ 日本的电子标签标准可用于库存管理、信息发送与接收以及产品和零部件的跟踪管理等，EPC 标准侧重于物流管理、库存管理等。

由于标准的不统一，导致了产品不能互相兼容，给 RFID 的大范围应用带来了困难。EPC Gen2 协议标准的推出，保证了不同生产商的设备之间将具有良好的兼容性，也保证了 EPC Global 网络系统中的不同组件(包括硬件部分)之间的协调工作。

5) 灭活指令

新标准具有了控制标签的权力，即可以使用灭活(Kill)指令使标签自行永久失效以保护隐私。如果不想使用某种产品或是发现安全隐私问题，就可以使用灭活指令停止芯片的功能，有效地防止芯片被非法读取，提高了数据的安全性能，也减轻了人们对隐私问题的担忧。被灭活的标签在任何情况下都会保持被灭活的状态，不会产生调制信号以激活射频场。

6) 射频分布

EPC Gen2 协议的频谱与射频分布比较广泛，这一优点提高了 UHF 的频率调制性能，减少了与其他无线电设备的干扰问题。这一标准还解决了 RFID 在不同国家不同频谱的问题。

7) 识别率高

基于 Gen2 标准的读写器具有较高的读取率和识读速度的优点。与第一代读写器相比，识读速率要快 5～10 倍。基于新标准的读写器每秒可读 1500 个标签，这使得通过应用 RFID 标签可以实现高速自动化作业。读写器还具有很好的标签识读性能，在批量标签扫描时避免重复识读，而且当标签延后进入识读区域时，仍然能被识读，这是第一代标准不能做到的。另外，同 Gen 0 和 Gen 1 相比，Gen 2 还提供了更多的功能。例如，它可以在配送中心高密度的读写器环境下工作。不仅如此，Gen2 还可以允许用户对同一个标签进行多次读写(Gen 0 只允许进行识读操作，Gen 1 允许多次识读，但只能写一次)。

6.2.4 EPC C1 G2 技术特点

EPC C1 G2 协议规定了在 860～960 MHz 的频率范围内操作的无源反向散射、读写器讲话优先的射频识别系统要求。系统由读写器和标签组成。通过在 860～960 MHz 的频率范围内调制射频信号，读写器将信息传输给标签。标签是无源的，这意味着它们从读写器的射频载波中提取工作所需能量。

1. 物理层

读写器向一个或一个以上的标签发送信息，发送方式是采用脉冲间隔编码(PIE)格式的双边带振幅移位键控(DSB-ASK)、单边带振幅移位键控(SSB-ASK)或反向振幅移位键控(PR-ASK)调制射频载波信号。标签通过该调制射频载波信号获得能量。读写器通过发送未调制射频载波和倾听反向散射应答接收从标签发来的信息。标签通过反向散射调制射频载波的振幅和/或相位传达信息。用于对读写器命令做出响应的编码格式是 FM0 或 miller 编码调制的副载波。读写器和标签之间的通信线路为半双工，也就是不应要求标签在反向散射的同时解调读写器信号。标签不应利用全双工通信对强制命令或任选命令作出响应。

2. 标签识别层

在 EPC C1 G2 标准中，读写器利用三个基本操作管理标签。

1) 选择(Select)

选择标签群以供盘存和访问。可连续使用选择命令根据用户要求选择特定的标签群。这个操作类似于从数据库中选择记录。

2) 盘存(Inventory)

盘存即标签识别。读写器从发送四个通话中其中一个通话的 Query 命令开始一个盘存周期。一个或一个以上的标签可以作出回答。读写器探测某个标签作出的回答，接收标签发出 PC、EPC 和 CRC-16。盘存由多个命令组成，每个盘存周期(Inventory round)只在一个通话中进行。

3) 访问(Access)

访问即与标签通信(读取标签发出的信息或将信息发送给标签)。访问前必须要对标签进行识别。访问由多个命令构成，有些命令在读写器到标签链路上采用基于一次性(onetimepad)的加密编码。

3. 通信过程

读写器利用 PIE 编码的 DSB-ASK、SSB-ASK 或 PR-ASK 调制射频载波，与一个或一个以上的标签通信。读写器在盘存周期期间应采用一个固定的调制形式和数据速率，"盘存周期"即为连续 Query 命令之间相隔的时间。读写器借助启动该盘存周期的前同步码设置数据速率。

6.3 超高频 RFID 现状

超高频 RFID 电子标签以其标签体积小、读写距离远、读写时间快、价格便宜等诸多优点，正在得到越来越广泛的应用，也被认为是最具发展前途的物联网典型应用。然而，我国超高频 RFID 市场还处于发展的初期阶段，目前制约中国无源超高频市场的发展主要有三点核心要素：

1. 技术

在系统集成方面，我国十分缺乏专业、高水平的超高频系统集成公司。整体而言，无源超高频电子标签应用解决方案还不够成熟。这种现状造成应用系统的稳定性不高，常会出现"大毛病没有，小毛病不断"的现象，进而影响了终端用户采用超高频应用方案的信心。从超高频标签产品本身而言，存在着标签读写性能稳定性不高、在复杂环境下漏读或读取准确率低等诸多问题。

2. 标准

目前，无源超高频电子标签在国内尚未形成统一的标准，国际上制定的 ISO18000-6C/EPC C1G2 协议，由于涉及多项专利，所以很难把它作为国家标准来颁布和实施。国内超高频市场上相关的标准及检测体系实际上处于缺位状态，在没有统一标准的环境下，严重制约产业和应用的发展。

3. 成本

尽管近年来无源超高频电子标签价格下降很快，但是从 RFID 芯片以及包含读写器、电子标签、中间件、系统维护等在内整体成本而言，超高频 RFID 系统价格依然偏高。而项目成本是应用超高频 RFID 系统最终用户权衡项目投资收益的重要指标。所以，超高频系统的成本瓶颈也是制约中国超高频市场发展的重要因素。

总之，目前我国无源超高频市场还处于发展初期，核心技术急需突破，商业模式有待创新和完善，产业链需要进一步的发展和壮大。只有核心问题得到有效解决，才能真正迎来 RFID 无源超高频市场发展的春天。

6.4　超高频 RFID 阅读器

超高频 RFID 阅读器的设计难度较大，协议复杂，在实践中，更趋向于应用而非直接设计和制作。基于此原因和篇幅限制，本节只介绍超高频 RFID 阅读器的外观、参数和相关的应用方法。

6.4.1　阅读器参数

超高频 RFID 阅读器是一款高性能的 UHF 超高频电子标签一体机，采用防水密封处理，结合专有的高效处理算法，在保持高识别率的同时，实现对电子标签的快速读写处理，可广泛应用于物流、门禁、防伪系统及生产过程控制等多种无线射频识别系统。其外观如图 6-1 所示。

图 6-1　阅读器外观

超高频 RFID 阅读器的特点如下：

　◇ 充分支持符合 ISO 18000-6B、EPC C1 G2 标准的电子标签。

　◇ 工作频率为 902～928 MHz(可以按不同国家或地区要求调整)。

　◇ 以广谱跳频(FHSS)或定频发射方式工作。

　◇ 输出功率达 30 dBm(可调)。

　◇ 8 dbi/12 dbi 两类天线配置选择，典型读取距离 3～5 m/10 m。

　◇ 支持自动方式、交互应答方式、触发方式等多种工作模式。

◇ 低功耗设计，单 +9 V 电源供电。

◇ 支持 RS-232、RS-485、韦根等多种用户接口，可选配 TCPIP 网络接口。

◇ 有效距离与天线(8 dbi 或 12 dbi)、电子标签及工作环境相关。

1. 电气参数

超高频 RFID 阅读器的相关电气参数如表 6-3 所示。

表 6-3　电 气 参 数

项目	符号	数值	单位
电源电压	VCC	16	V
工作温度	TOPR	−10～+55	℃
储藏温度	TSTR	−20～+75	℃

2. 规格

除特别说明，所有规格取自 TA = 25℃及 VCC = +9 V 工作条件下，如表 6-4 所示。

表 6-4　规　　格

项目	符号	最小	典型	最大	单位
电源电压	VCC	8	9	12	V
工作电流	IC		350	650	mA
工作频率	FREQ	902		928	MHz

3. 接口

超高频 RFID 阅读器可支持 RS-232、RS-485 和韦根输出等多种接口，相关信号线定义如表 6-5 所示。

表 6-5　信号线定义

项目	描　　述
红	+9 V
黑	GND
黄	韦根 DATA0
蓝	韦根 DATA1
紫	RS-485 R+
橙	RS-485 R-
棕	GND
白	RS-232 RXD
绿	RS-232 TXD
灰	外部触发(TTL 电平)

6.4.2　上位机配置

本书配套的超高频读写器需要使用相应的软件进行配置和使用，该软件共有四个页面。下述内容用于实现任务 6.D.1，即熟悉超高频 RFID 阅读器的上位机软件界面。配置上位机软件中参数的设置页面外观如图 6-2 所示。

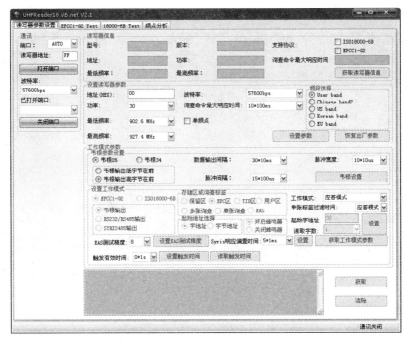

图 6-2 参数配置

读写器支持两种超高频协议，相应的软件中也有两种协议的测试页面，其中 EPC C1 G2 测试页面如图 6-3 所示。

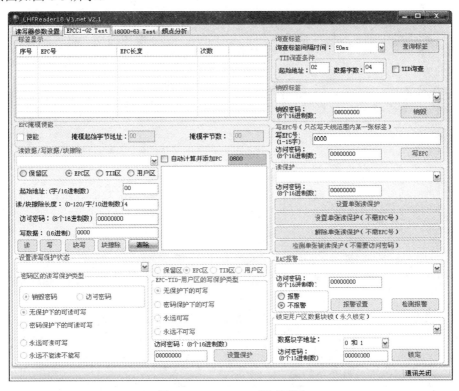

图 6-3 EPC C1 G2 测试页面

18000-6B 测试页面如图 6-4 所示。

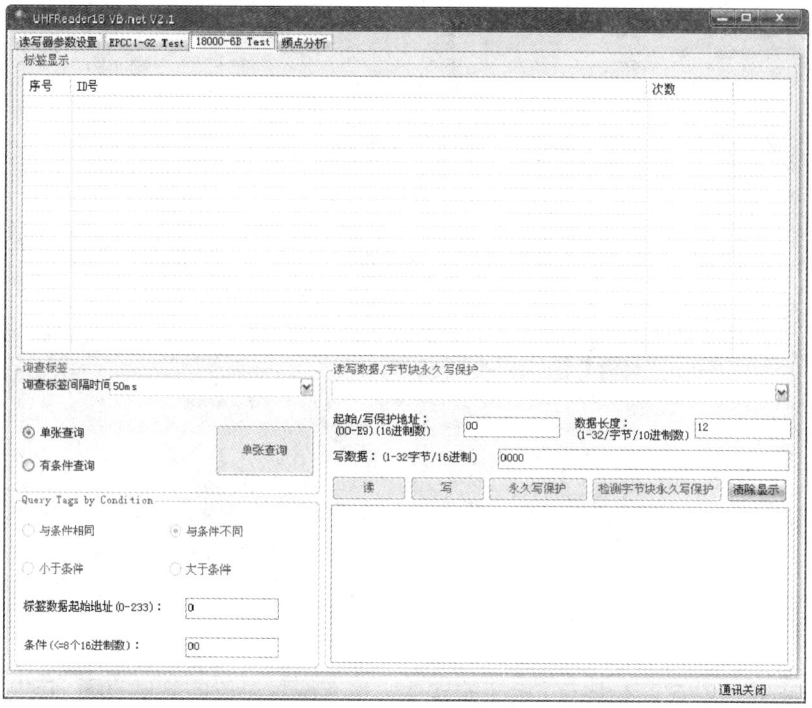

图 6-4　18000-6B 测试页面

上位机软件还支持频点分析，其软件界面如图 6-5 所示。

图 6-5　频点分析

6.5 RFID 阅读器二次开发

在嵌入式领域，二次开发是指在不破坏原有系统或设备的前提下，增加 MCU 和相关电路，以达到对其功能的定制和扩展，满足用户的需求。本节以超高频 RFID 阅读器为例，简要介绍二次开发的构架及过程。

6.5.1 二次开发意义

近年来随着科技和半导体业的迅速发展，嵌入式领域新的技术层出不穷，专业化分工越来越明显，设备和系统逐渐小型化和集成化。以往大而全的开发方法已经不能适应当今嵌入式开发的需求。在此背景下，出现了很多专用的模块和设备，厂家提供相应的接口、通信协议和配置方法等，以便其他用户利用这些模块快速地完成某些功能。

一般来说中小型企业能力有限，往往专注于自己擅长的部分，对于不熟悉的功能，则直接购买市场上成熟的模块或设备(下述内容以模块为例)嵌入到自己的产品中。在此过程中，通常还需要对购买的模块进行必要的功能定制、整合和控制等，即进行一部分开发工作，也就是常说的二次开发。即使大型的企业，也很难开发出所有的功能模块，而且从某种程度上讲，也没有必要。例如，常见的 PC，其主要部件 CPU、主板、显卡、硬盘等往往来自不同的专业供应商，PC 厂商更多的是对其的整合、集成和二次开发。

二次开发作为实践中常见的开发方式，有下述优点：

◇ 专注于优势。企业可以针对不熟悉或者弱势的部分购买成熟的模块，采用二次开发的形式，以专注于自己的优势部分，扬长避短。

◇ 方便功能扩展。能够进行二次开发的模块往往是成熟和模块化的产品，方便替换和进行升级维护。

◇ 加快研发进度。企业不再需要投入人力和物力重新研发一个功能模块，而只需要投入较少的精力进行二次开发，可以加快研发进度。

◇ 降低研发成本。对成熟的模块进行二次开发，通常在研发成本上较为低廉。

虽然企业进行二次开发有诸多优点，但同样需要根据自身情况进行审慎的决定，因为二次开发的方法也会面临部分风险和缺点：

◇ 性能和可靠性。由于采用现成的模块，则该部分的性能和可靠性完全取决于该模块的设计，二次开发的企业往往无法把握。

◇ 兼容性。二次开发用的模块有时是非常规矩的设计，容易造成兼容性方面的问题。

◇ 容易受制于人。外购的模块往往面临断货、性能改变甚至企业倒闭停产的危险。

◇ 二次开发难度。如果企业对外购模块不熟悉，也会造成二次开发和集成过程遇到困难，甚至最终无法达到预期功能的情况。

6.5.2 二次开发构架

二次开发通常不对原有模块进行破坏，而是将模块通过通信接口连接至一个 MCU 或者直接接到设备的主 MCU 上进行整合和开发，组成一个更大的系统。本节将以本教材配套的超高频 RFID 阅读器开发结构为例进行讲解。

1. 一般结构

本教材配套的超高频 RFID 阅读器，常规的使用方法是通过串口(RS-232)和 PC 相连，使用 PC 上的上位机程序实现超高频 RFID 应答器的读写等功能，其结构如图 6-6 所示。

图 6-6 一般结构

在此结构中，阅读器的功能和开发过程完全依赖于 PC，架构简单，开发较容易，但灵活性不够，一般只能应用于相对固定的应用场合。

2. 二次开发结构

如果以 AVR 单片机为核心通过串口与阅读器相连，再扩展一些按键、液晶屏等外围部件，就可以设计一款便携式超高频 RFID 阅读器，其结构如图 6-7 所示。

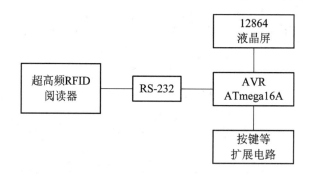

图 6-7 二次开发结构

虽然嵌入式开发的难度要高于 PC，但其结构更加灵活，体积和功耗较小，能适应不同的应用场合，并且扩展性较好。用户可以专注于 AVR 的开发和与阅读器的通信、控制，而不必理会超高频 RFID 繁琐和复杂的空中接口及通信协议。这可以极大地提高研发速度和降低成本，增加产品的功能和竞争力。

6.5.3 二次开发过程

二次开发过程和一般的开发有很多类似之处，但由于开发对象一般为模块或设备，所以对调试的要求更高一些，一般分为如下步骤：

(1) 了解模块性能。由于二次开发用的模块一般为成品，电气性能等已经确定，因此熟悉其性能非常重要，这决定了将来是否能够合理地进行匹配。通常需要注意的有电源、接口、通信协议和特殊注意事项等。

(2) 设计开发方案。根据模块的要求及自身设备的接口等设计相应软硬件对模块进行整合和匹配。

(3) 通信协议。通常二次开发的模块，其软硬件比较完善和成熟，只需要按照其提供的通信协议进行通信和控制即可。也有部分模块需要自定义通信协议和接口。

(4) 调试。根据通信协议对模块进行通信和功能调试是能否完成二次开发的关键步骤。

(5) 整机测试。最后需要将模块的软硬件嵌入到自有设备的软硬件中进行联合调试，排除与其他模块和部件的干扰和冲突，才能真正地完成二次开发，使其成为产品的一部分。

6.5.4 阅读器通信测试

超高频 RFID 阅读器是一个典型的可进行二次开发的设备，自身可完成 ISO/IEC 18000-6B/C 的空中接口和通信协议，对外提供串口(RS-232 和 RS-485)，通过其自身的一些通信协议进行通信和控制。本小节以阅读器自定义命令"读取阅读器信息"(其他命令及格式请参考实践篇第 5 章 5.G.3)为例，讲解阅读器调试过程。

1. 读取阅读器信息命令

上位机发送命令"读取阅读器信息"并让读写器执行该命令后，将获得读写器的信息。这其中包括读写器地址、读写器软件版本、读写器类型代码、读写器协议支持信息、读写器频率范围、读写器功率和查询时间等信息。其命令格式如表 6-6 所示。

表 6-6 命 令 格 式

Len	Adr	Cmd	Data[]	CRC-16	
0x04	0xXX	0x21	无	LSB	MSB

每收一个正确的命令，阅读器都有固定格式进行响应，其返回的响应帧如表 6-7 所示。

表 6-7 响 应 帧

Len	Adr	reCmd	Status	Data[]	CRC-16	
0x0d	0xXX	0x21	0x00	版本、类型、协议、频段、功率、查询时间	LSB	MSB

对于读取阅读器信息命令的响应帧中，包含阅读器的各种数据和参数，其具体含义如表 6-8 所示。

表 6-8 数据和参数的含义

参数	长度(Byte)	说 明
Version	2	版本号，高字节代表主版本号，低字节代表子版本号
Type	1	读写器类型代号。0x09 代表 UHFREADER18
Tr_Type	1	读写器支持的协议信息，Bit1 为 1 表示支持 18000-6c 协议；Bit0 为 1 表示 18000-6B 协议，其他位保留
dmaxfre	1	Bit7～Bit6 用于频段设置用；Bit5～Bit0 表示当前读写器工作的最大频率
dminfre	1	Bit7～Bit6 用于频段设置用；Bit5～Bit0 表示当前读写器工作的最小频率
Power	1	读写器的输出功率的范围是 0～30
Scntm	1	查询时间。读写器收到查询命令后，在查询时间内，会给上位机应答

其中，频段的设置如表 6-9 所示。

表 6-9 频 段 的 设 置

MaxFre(Bit7)	MaxFre(Bit6)	MinFre(Bit7)	MinFre(Bit6)	FreqBand
0	0	0	0	User band
0	0	0	1	Chinese band2
0	0	1	0	US band
0	0	1	1	Korean band
0	1	0	0	EU band
0	1	0	1	保留
...	...	...	...	...
1	1	1	1	保留

2. PC 端调试

为了降低难度，串口的通信协议可以在 PC 上先行调试验证，然后再移植到嵌入式系统中。例如，使用 COM2 连接到阅读器，波特率为 57 600。按照协议计算"读取阅读器信息"命令字为"0x04 0xFF 0x21 0x19 0x95"，通过超级串口发送至阅读器，如果连接正常，则阅读器应返回相应的响应帧。

下述内容用于实现任务 6.D.2，即发送"读取阅读器信息"命令，并解析其返回数据，如图 6-8 所示。

图 6-8 串口发送阅读器命令

由上图可知，阅读器返回的数据为"0x0d 0x00 0x21 0x00 0x02 0x60 0x09 0x03 0x4e 0x00 0x0a 0x0a 0xf6 0xe8"，按照协议解析其含义如表 6-10 所示。

表 6-10 返回数据解析

参数	数据	说 明
Len	0x0d	长度 13 个字节
Adr	00	地址为 00 的阅读器
reCmd	21	读取阅读器信息
Status	00	无
Version	02 60	版本号，2.96
Type	09	UHFREADER18
Tr_Type	03	支持 18000-6c 协议和 18000-6B 协议
dmaxfre	4e	EU band，当前读写器工作的最大频率为 867.9 MHz
dminfre	00	EU band，当前读写器工作的最小频率为 865.1 MHz
Power	0a	读写器的输出功率为 10
Scntm	0a	查询时间为 10 × 100 ms

3. 嵌入式调试

本例中，使用高频 RFID 阅读器开发板作为二次开发的控制器，与超高频 RFID 阅读器通过串口相连，波特率 57 600，其连接如图 6-9 所示。

在 AVR 的测试程序中，通过串口发送"读取阅读器信息"命令字"0x04 0xFF 0x21 0x19 0x95"，例如：

```
printf("0x04 0xFF 0x21 0x19 0x95");
```

AVR 将串口接收到的数据送至 12864 液晶屏显示，如图 6-10 所示。

图 6-9 阅读器连接

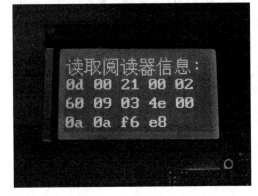

图 6-10 阅读器信息

在实践中，可根据需要裁剪和扩展与阅读器的通信协议和功能，以达到二次开发的目的。

小 结

通过本章的学习，读者应该能够掌握：

◆ 超高频 RFID 技术具有能一次性读取多个标签、穿透性强、可多次读写、数据的记忆容量大等特点。

◆ 在 RFID 术语中，通常所指的超高频 RFID 工作频率为 433 MHz、866～960 MHz 和 2.45 GHz 三个频段。

◆ 目前 RFID 存在三个主要的技术标准体系：美国麻省理工学院(M1T)的 Auto IDCenter(自动识别中心)的 EPC 标准体系、日本的 Ubiquitous IDCenter(泛在 ID 中心，UIC)标准体系和 ISO 标准体系。

◆ EPC C1 G2 协议规定了在 860～960 MHz 的频率范围内操作的无源反向散射、读写器讲话优先的射频识别系统要求。

习 题

1．下面不属于超高频 RFID 特点的是_____

A. 距离远   B. 碰撞几率大

C. 数据容量大   D. 只能提供 ID 号

2．下面不属于超高频 RFID 技术标准体系的是_____。

A. ITU   B. Auto IDCenter

C. Ubiquitous IDCenter   D. EPC

3．EPC C1 G2 协议与下述_____协议相同。

A. ISO/IEC 18000-2   B. ISO/IEC 18000-3

C. ISO/IEC 18000-6   D. ISO/IEC 18000-7

4．在 RFID 术语中，通常所指的超高频 RFID 工作频率为_____MHz、_____MHz 和_____GHz 三个频段。

5．简述二次开发的优缺点。

6．简述二次开发的过程。

实践篇

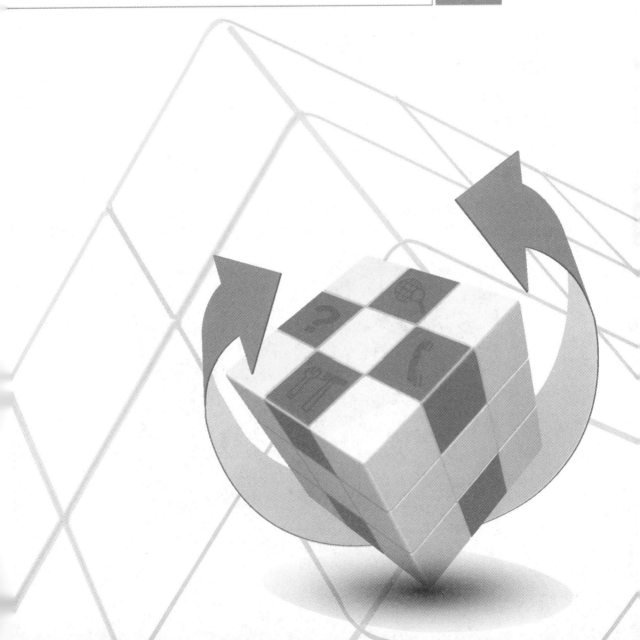

实践 1 RFID 协议体系

 实践指导

➤ **实践 1.G.1**

了解本书配套的低频 RFID 读写器的组成结构及功能。

【分析】

(1) 主控芯片为 AVR 单片机,具体型号为 ATmega16A。
(2) 低频 RFID 读写芯片为 EM4095。
(3) 可阅读 EM4100 系列及兼容卡片。

【参考解决方案】

1. 低频 RFID 读写器外观

低频 RFID 读写器可完成对低频 RFID 卡的阅读,并进行相关 AVR 实验,其外观如图 S1-1 所示。

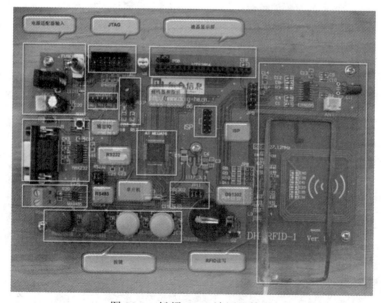

图 S1-1 低频 RFID 读写器外观

2．低频 RFID 读写器结构图

低频 RFID 读写器的电路组成结构图如图 S1-2 所示。

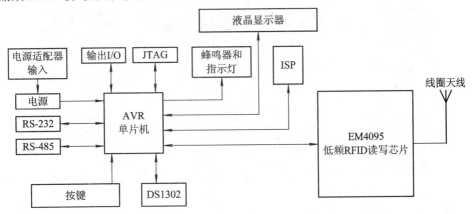

图 S1-2　低频 RFID 读写器结构图

在图 S1-2 中，低频 RFID 读写器的主要组成部分如下：

◇ 电源：直流 5 V 输入，为整个读写器提供电源。

◇ AVR 单片机：读写器主控 MCU，具体型号为 ATmega16A。

◇ 输出 I/O：扩展 I/O 口，可连接和控制其他外部设备。

◇ JTAG：AVR 单片机调试接口。

◇ 蜂鸣器和指示灯：用于阅读器的声光指示。

◇ 液晶显示器：外接 12864 液晶屏，进行信息和数据显示。

◇ ISP：AVR 单片机调试接口。

◇ EM4095：低频 RFID 读写芯片，可对数据进行低频段 RFID 的调制解调。

◇ DS1302：时钟芯片。

◇ 按键：用于按键输入。

◇ RS-485：可连接外部 RS-485 接口进行数据通信和控制。

◇ RS-232：可连接外部 RS-232 接口进行数据通信和控制。

➢ **实践 1.G.2**

了解本书配套的高频 RFID 读写器的组成结构及功能。

【分析】

(1) 主控芯片为 AVR 单片机，具体型号为 ATmega16A。

(2) 高频 RFID 读写芯片为 RC522。

(3) RC522 硬件实现 ISO/IEC 14443 TYPE A 的相关协议。

(4) 可读写 Mifare 系列及兼容卡片。

【参考解决方案】

1．高频 RFID 读写器外观

高频 RFID 读写器外观如图 S1-3 所示。

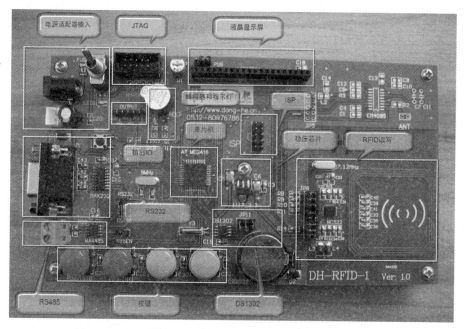

图 S1-3　高频 RFID 读写器外观

2. 高频 RFID 读写器结构图

该高频 RFID 读写器结构图如图 S1-4 所示。

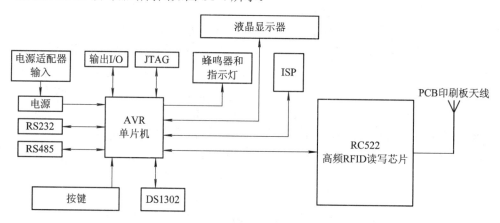

图 S1-4　高频 RFID 读写器结构图

在图 S1-4 中，高频 RFID 读写器的主要组成部分如下：

◇ 电源：直流 5 V 输入，为整个读写器提供电源。

◇ AVR 单片机：读写器主控 MCU，具体型号为 ATmega16A。

◇ 输出 I/O：扩展 I/O 口，可连接和控制其他外部设备。

◇ JTAG：AVR 单片机调试接口。

◇ 蜂鸣器和指示灯：用于阅读器的声光指示。

◇ 液晶显示器：外接 12864 液晶屏，进行信息和数据显示。

◇ ISP：AVR 单片机调试接口。

◇ RC522：高频 RFID 读写芯片，可对数据进行高频段 RFID 的调制解调，并实现

ISO/IEC 14443 TYPE A 协议。

　◇　DS1302：时钟芯片。

　◇　按键：用于按键输入。

　◇　RS-485：可连接外部 RS-485 接口进行数据通信和控制。

　◇　RS-232：可连接外部 RS-232 接口进行数据通信和控制。

➤ 实践 1.G.3

了解本书配套超高频 RFID 读写器的功能特点。

【分析】

(1) 一体化防水外观设计。

(2) 充分支持符合 ISO 18000-6B、EPC C1 G2 标准的电子标签。

(3) 工作频率 902～928 MHz。

(4) 支持 RS-232、RS-485、韦根等多种用户接口。

【参考解决方案】

1. 超高频 RFID 读写器外观

超高频 RFID 读写器采用一体化防水外观设计，其外观如图 S1-5 所示。

2. 上位机软件界面

超高频 RFID 读写器需要通过上位机软件进行配置和使用，其软件界面如图 S1-6 所示。

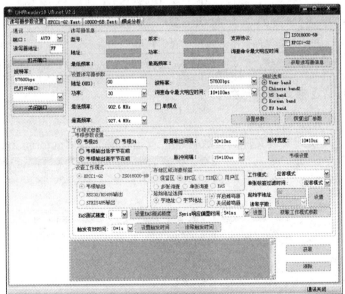

图 S1-5　超高频 RFID 读写器外观　　　　　　图 S1-6　超高频 RFID 读写器软件界面

实践 2　RFID 阅读器开发基础

 实践指导

➢ **实践 2.G.1**

掌握 IAR For AVR 开发环境的安装方法。

【分析】

(1) IAR Embedded Workbench for AVR 是 IAR Systems 公司为 AVR 微处理器开发的一个集成开发环境，包括项目管理器、编辑器、C/C++编译器、汇编器、连接器和调试器，具有入门容易、使用方便和代码紧凑等特点。

(2) 本书使用的 IAR 是 IAR For 51 版，其对硬件的配置要求如表 S2-1 所示。

表 S2-1　IAR 安装的配置要求

硬件名称	配 置 要 求
CPU	最低 600 MHz 处理器，建议 1 GHz 以上
RAM 内存	1 GB，建议 2 GB 以上
可用硬盘空间	可用空间 1.4 GB
操作系统	Windows 2000、Windows 2003、Windows XP、Windows Vista、Windows7

【参考解决方案】

1. 开始安装

找到安装文件的存放目录，双击安装文件"autorun.exe"，如图 S2-1 所示。

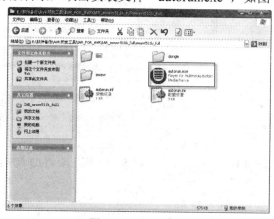

图 S2-1　存放目录

在安装界面下，点击"install IAR Embedded Workbench"，开始安装，界面如图 S2-2 所示。

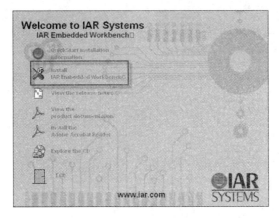

图 S2-2 安装界面一

在弹出的欢迎界面中，点击下一步，如图 S2-3 所示。

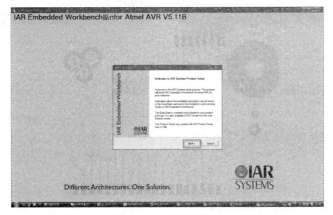

图 S2-3 安装界面二

在弹出的许可界面中，点击"Accept"，如图 S2-4 所示。

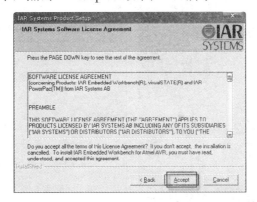

图 S2-4 许可界面

2. 填写许可证

在弹出的界面中，填写姓名、公司和相关的许可号码等用户信息，如图 S2-5 所示。

填写相应的许可证，如果没有问题则点击下一步继续安装，如图 S2-6 所示。

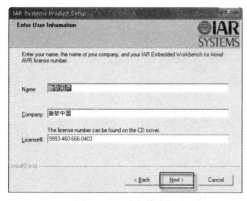

图 S2-5　用户信息

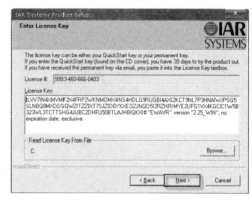

图 S2-6　密钥

3．选择安装参数

选择好安装路径后，点击下一步继续安装，如图 S2-7 所示。

选择"Full"完全版，点击下一步继续安装，如图 S2-8 所示。

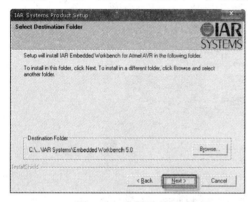

图 S2-7　路径选择

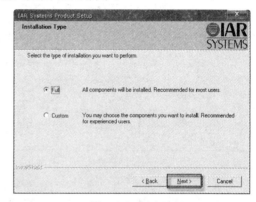

图 S2-8　版本选择

确认图标位置和名称后，点击下一步继续安装，如图 S2-9 所示。

确认安装信息后，点击下一步继续安装，如图 S2-10 所示。

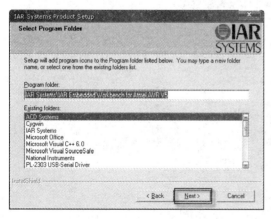

图 S2-9　选择程序位置

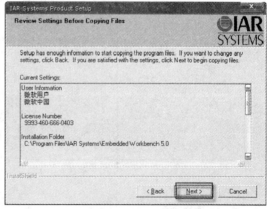

图 S2-10　确认安装信息

等待安装完全结束后，点击"Finish"按钮结束安装，如图 S2-11 所示。

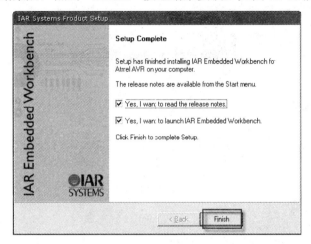

图 S2-11　完成界面

> ## 实践 2.G.2

IAR 集成开发环境介绍。

【分析】

(1) IAR 集成开发环境的启动和起始页。

(2) 在 IAR 集成开发环境中，有许多用于开发、调试部署等功能的窗口，特别是与开发相关的常用窗口，熟练使用这些窗口是学习 IAR 必不可少的要素。

【参考解决方案】

1．启动 IAR

打开"开始"菜单，选择"程序"，如图 S2-12 所示，选择"IAR Embedded Workbench"，或直接双击桌面上的"IAR Embedded Workbench"快捷方式图标，启动 IAR。

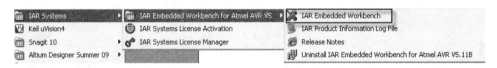

图 S2-12　启动 IAR

IAR 启动后，将显示如图 S2-13 所示的起始窗口。在起始窗口中可选择新建或者打开工作组，本例中选择"Open existing workspace"打开一个工作组。

2．IAR 的常用窗口

IAR 的常用功能模块有菜单、按键资源、工程窗口、编辑窗口和信息窗口等，如图 S2-14 所示，其功能简介如下：

　◇ 菜单：包含 IAR 支持的菜单操作。

　◇ 按键资源：包含编译、调试等常用按键，可以提高操作速度。

◇ 工程窗口：工程信息和结构的显示窗口，用于工程管理。

◇ 编辑窗口：代码的编辑区域。

◇ 信息窗口：显示各种编译和操作信息。

图 S2-13　起始窗口

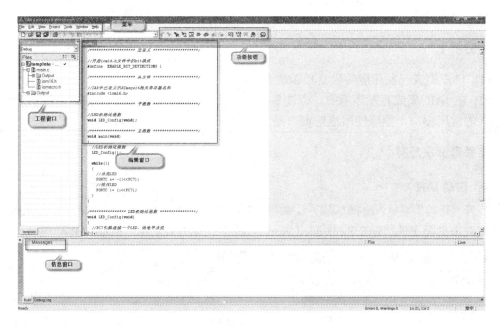

图 S2-14　IAR 的常用窗口界面

➤ **实践 2.G.3**

使用 IAR 集成开发环境，创建一个 AVR 测试工程，并编写相关代码使之编译通过。

【分析】

(1) 使用 IAR 集成开发环境，创建一个 AVR 工程。

(2) 设置好测试工程存放目录和其他参数。

(3) 在 main.c 中编写测试代码。

(4) 编译代码直至无错误和警告。

【参考解决方案】

1. 新建工程

打开"Project"菜单，选择"Create New Project"，创建一个新工程，如图 S2-15 所示。

2. 选择工程模板

如图 S2-16 所示，选择"C→main"，即在工程中自动添加 main 函数。

图 S2-15　新建工程

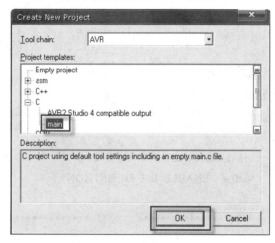
图 S2-16　选择工程模板

弹出如图 S2-17 所示的另存窗口，输入项目名称(本示例中项目名称为 test)和保存位置，点击"保存"按钮。

图 S2-17　另存为窗口

显示如图 S2-18 所示的 IAR 窗口。此时项目中有 IAR 自动生成的一个名为"test"的工程，并且自动添加了 main.c 和 main()函数。

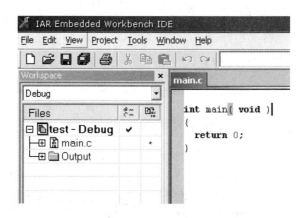

图 S2-18　工程界面

3. 编写代码

在 main.c 文件中输入以下代码:

```
/******************** 宏定义 ********************/


//开启 iom16.h 文件中的 bit 模式
#define    ENABLE_BIT_DEFINITIONS 1


/******************** 头文件 ********************/


//IAR 中已定义的 ATmega16 相关寄存器名称
#include <iom16.h>


/******************** 主函数 ********************/
void main(void)
{
    //PC7 引脚连接一个 LED，低电平点亮
    //设置 PC7 为输出
    DDRC   |= (1<<PC7);
    //设置 PC7 为高电平
    PORTC |= (1<<PC7);

    //配置时钟为 clkio/8
    TCCR1B &=~((1<<CS12)|(1<<CS10));
    TCCR1B |=(1<<CS11);

    //开启定时器 1 溢出中断
    TIMSK |=(1<<TOIE1);
```

```
//开总中断
SREG  |= (1 << 7);

while(1)
{
//等待中断
}
}

/************* 中断服务函数 **************/

//定时器 1 溢出中断服务函数
#pragma vector = TIMER1_OVF_vect
__interrupt void TIMER1_ov(void)
{
//每次进中断，LED 状态翻转一次
if(PORTC&(1<<PC7))
{
PORTC &= ~(1<<PC7);
}
else
{
PORTC |= (1<<PC7);
}
}
```

4．编译代码

　　点击编译按钮，如图 S2-19 所示，或在菜单"Project"下选择"Make"对代码进行编译。

　　如果没有错误和警告，则出现提示，如图 S2-20 所示。

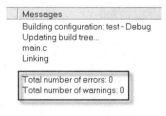

图 S2-19　编译按钮　　　　　　　图 S2-20　编译结果

➢ 实践 2.G.4

　　使用 AVR JTAG 调试器连接开发板，对测试程序进行下载测试。

【分析】

(1) 从设备管理中查找 AVR JTAG 的串口号。

(2) 配置 IAR 中 Debug 的相关选项。

(3) 对程序进行调试运行并查看结果。

【参考解决方案】

1. 配置 JTAG

在"我的电脑"上单击右键,选择设备管理器,如图 S2-21 所示。

点击展开端口(COM 和 LPT),查看 Prolific USB to Serial,记录端口号。本例中为 COM4,该端口号根据不同环境会有所不同,如图 S2-22 所示。

图 S2-21 设备管理器   图 S2-22 设备管理器界面

在 IAR 工作组窗口中,右键单击工程名称,选择"Options",如图 S2-23 所示。

在 JTAGICE 选项中,将端口号改为前述设备管理器中查找的端口号,如图 S2-24 所示。

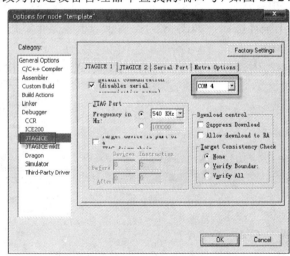

图 S2-23 工程选项   图 S2-24 debugger 选项

2．进入调试

点击 Debug 按钮，对程序进行调试，如图 S2-25 所示。

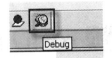

图 S2-25　Debug 按钮

如果上述步骤没有问题，则会进入调试状态，增加调试按钮，从左至右分别为复位、停止、单步、进入程序的单步、跳出、下一个声明、运行至光标、全速运行和停止调试按钮，箭头处为目前程序运行到的位置，如图 S2-26 所示。

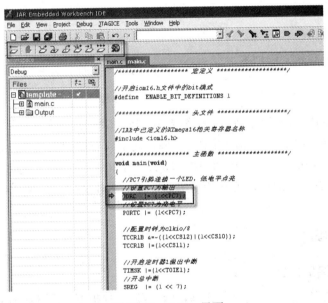

图 S2-26　Debug 界面

3．全速运行查看结果

单击全速按钮，如图 S2-27 所示。

全速运行后，当查看开发板上的 LED2 快速闪烁时，则说明程序运行正常，如图 S2-28 所示。

图 S2-27　全速运行按钮

图 S2-28　LED 显示

实践 3　低频 RFID 阅读器设计

实践指导

➢ 实践 3.G.1

12864 液晶显示屏驱动移植。

【分析】

(1) 12864 液晶屏为单色液晶屏，分辨率为 128×64。

(2) 本书配套的 12864 液晶屏带中文字库，内部含有国标一级、二级简体中文字库的点阵图形液晶显示模块，内置 8192 个 16×16 点汉字和 128 个 16×8 点 ASCII 字符集。

(3) 利用该模块灵活的接口方式和简单、方便的操作指令，可构成全中文人机交互图形界面。

【参考解决方案】

1. 12864 液晶屏接口

本书配套的 12864 液晶屏为并行接口，由 AVR 单片机 I/O 口直接驱动，相关接口定义如图 S3-1 所示。

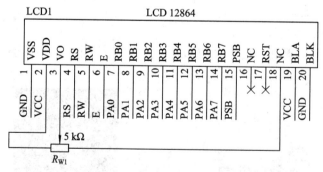

图 S3-1　12864 液晶屏接口定义

12864 液晶屏的相关引脚定义封装成宏定义，存放在文件"LCD12864.h"中，以便进行快速调用，具体源码如下：

```
//管脚和其他宏定义
#define CTRL_PORT PORTB
```

```
#define CTRL_DDR DDRB

#define BUSY 7

#define    LCD_DATA PORTA
#define    LCD_PIN PINA
#define    LCD_DDR DDRA

#define set_rs() CTRL_PORT |= (1 << 0)
#define clr_rs() CTRL_PORT &= ~(1 << 0)


#define set_rw() CTRL_PORT |= (1 << 1)
#define clr_rw() CTRL_PORT &= ~(1 << 1)


#define set_en() CTRL_PORT |= (1 << 2)
#define clr_en() CTRL_PORT &= ~(1 << 2)
```

2．12864 液晶屏初始化

12864 液晶屏初始化程序可封装成 LCD_init()函数，详细代码清单如下：

```
void LCD_init()//初始化
{
        CTRL_DDR |= (1 << 0)|(1 << 1)|(1 << 2);
        LCD_DDR = 0xff;
        //选择基本指令集
        wr_com(0x30);
        delays(50);
        //开显示(无游标、不反白)
        wr_com(0x0c);
        delays(50);
        //清除显示，并且设定地址指针为 00H
        wr_com(0x01);
        delays(150);
        //指定在资料的读取及写入时，设定游标的移动方向及指定显示的移位
        wr_com(0x06);
        delays(50);
    }
```

其中，wr_com()函数为写指令函数，参数为寄存器地址，其源代码如下：

```
    void wr_com(uchar com)
    {
```

```
        //写指令
        wait();
        clr_rs();
        clr_en();
        nops();
        clr_rw();
        nops();
        set_en();
        nops();
        LCD_DATA = com;
        nops();
        clr_en();
        nops();
        set_rw();
    }
```

3．汉字显示

由于 12864 液晶屏自带汉字字库，所以显示汉字容易得多，只需要将汉字的编码写入相应的寄存器，便可进行显示。本例中可以显示汉字"青岛东合信息技术"的语句如下：

```
        LCD_display("青岛东合信息技术");
```

其中，LCD_display( )函数源码如下：

```
    void LCD_display(uchar *ptr)
    {
        while(*ptr > 0)
        {
            //直接发送字符编码
            wr_data(*ptr);
            delays(2);
            ptr++;
        }
    }
```

该函数中使用 wr_data(*ptr)函数写数据，其函数源码如下：

```
    void wr_data(uchar dat)
    {
        //写数据
        wait();
        set_rs();
        clr_en();
        nops();
```

```
    clr_rw();
    nops();
    set_en();
    nops();
    LCD_DATA = dat;
    nops();
    clr_en();
    nops();
    set_rw();
}
```

➢ **实践 3.G.2**

使用液晶屏显示低频 ID 卡号。

【分析】

(1) I/O 口、液晶屏等相关初始化。

(2) 读取并解析低频 ID 卡号。

(3) 将卡号进行转换后，送至液晶屏显示。

【参考解决方案】

1. 主函数编写

主函数负责对 I/O 口、液晶屏等进行相应的初始化，以便各部件和模块能够正常工作。
本例中主函数源码清单如下：

```
void main( void )
{
    delay_ms(50);
    LCD_init();
    gpio_init();

    //初始化液晶屏显示
    LED_CLR;
    SHD_CLR;
    loc(1,0);
    LCD_display("----请刷卡------");
    loc(2,0);
    LCD_display("                ");

    while(1)
```

```
    {
        //定时读取 ID 卡号
        while(0==DY--)
        {
            delay(5);    //20000
            read_rfid();
        }
    }
}
```

2．卡号读取

低频 RFID 卡号的读取需要判断帧头和曼彻斯特码解码，并注意验证相应的校验码，以确保能够读到正确卡号，可封装成函数 Read_Card()，其源码清单如下：

```
ulong Read_Card()
{
    uchar i=0;
    uchar error;
    uchar error_flag;
    uchar row,col;
    uchar row_parity;
    uchar col_parity[5];
    uchar _data;
    ulong temp;
    uchar timeout=0;
    while(1)
    {
        if(timeout==100)
            return 0;
        else
            timeout++;
        while(DEMOD_OUT==0);
        Delay384us();
        if(DEMOD_OUT)
        {
            for(i=0;i<8;i++)
            {
                error=0;
                while(DEMOD_OUT)
                {
```

```
            if(error==TIME_OF)
            {
                error_flag=1;
                break;
            }
            else error++;
        }
        Delay384us();
        if(!(DEMOD_OUT&&error_flag==0))
            break;
    }

    if(i==8)
    {
        error_flag=0;
        error=0;
        while(DEMOD_OUT)
        {
            if(error==TIME_OF)
            {
                error_flag=0;
                break;
            }
            else error++;
        }
col_parity[0]=col_parity[1]=col_parity[2]=col_parity[3]=col_parity[4]=0;
        for(row=0;row<11;row++)
        {
            for(col=0,row_parity=0;col<5;col++)
            {
                Delay384us();
                if(DEMOD_OUT)_data=1;
                else _data=0;
                if(col<4&&row<10)
                {
                    temp<<=1;
                    temp+=(ulong)_data;
                }
                else;
```

```
                              row_parity+=_data;
                              col_parity[col]+=_data;
                              error=0;
                              while(DEMOD_OUT==((_data & 0x01)<<PC1))
                              {
                                      if(error==TIME_OF)
                                      {
                                              error_flag=1;
                                              break;
                                      }
                                      else error++;
                              }
                              if(error_flag)break;
                              else;
                      }
                      if(row<10)
                      {
                              if((row_parity&0x01)||error_flag)
                              {
                                      temp=0;
                                      error_flag=1;
                                      break;
                              }
                      }
                  }
      if(error_flag||((col_parity[0]&0x01)&&(col_parity[1]&0x01)&&(col_parity[2]&0x01)&&(col_
parity[3]&0x01)))
                      {
                              error_flag=0;
                              temp=0;
                              continue;
                      }
                      else return temp;
                  }
              continue;
          }
          error_flag=0;
          continue;
      }
  }
```

3．卡号转换

MCU 读取的 ID 卡号为二进制，并不能直接用于显示，需要转换成十进制，再进一步转换为 ASCII 码才能送至液晶屏显示。此部分功能可封装成函数，其源码清单如下：

```c
void read_rfid()
{
    ulong SN;

    SN=Read_Card();
    if(SN)
    {
        BEEP_SET;
        LED_SET;
        loc(3,0);
        LCD_display("刷卡次数：        ");
        if(SN == 0x000E8714)
        {
            num1++;
            if(num1 > 100)
                num1 = 0;
            loc(3,5);
            wr_data(ASCII[(uchar)(num1/100)]);
            wr_data(ASCII[(uchar)(num1%100/10)]);
            wr_data(ASCII[(uchar)(num1%10)]);
        }
        else if (SN == 0x00535181)//535181
        {
            num2++;
            if(num2 > 100)
            num2 = 0;
            loc(3,5);
            wr_data(ASCII[(uchar)(num2/100)]);
            wr_data(ASCII[(uchar)(num2%100/10)]);
            wr_data(ASCII[(uchar)(num2%10)]);
        }
        loc(1,0);
        LCD_display("卡号：          ");
        loc(2,2);
        wr_data(ASCII[(uchar)(SN/1000000000)]);
        wr_data(ASCII[(uchar)(SN%1000000000/100000000)]);
        wr_data(ASCII[(uchar)(SN%100000000/10000000)]);
```

```
            wr_data(ASCII[(uchar)(SN%10000000/1000000)]);
            wr_data(ASCII[(uchar)(SN%1000000/100000)]);
            wr_data(ASCII[(uchar)(SN%100000/10000)]);
            wr_data(ASCII[(uchar)(SN%10000/1000)]);
            wr_data(ASCII[(uchar)(SN%1000/100)]);
            wr_data(ASCII[(uchar)(SN%100/10)]);
            wr_data(ASCII[(uchar)(SN%10)]);

            delay_ms(20);
            BEEP_CLR;
            while(DY--)
                    delay(2000);//20000
        }
        else
        {

            loc(1,0);
            LCD_display("----请刷卡------");
            loc(2,0);
            LCD_display("                   ");
            loc(3,0);
            LCD_display("                   ");
            loc(4,0);
            LCD_display(" www.dong-he.cn ");
            LED_CLR;

        }
    }
```

4．运行结果

将程序下载至低频 RFID 阅读器的开发板中，运行程序后，用一张 ID 卡片靠近读卡天线，如图 S3-2 所示。则液晶屏上将会显示其卡号，如图 S3-3 所示。

图 S3-2　低频 RFID 读卡实验

图 S3-3　低频 RFID 卡号显示

实践 4　高频 RFID 阅读器设计

 实践指导

➤ 实践 4.G.1

完成一个公交卡充值消费系统，以 Mifare 卡为公交卡实现公交卡金额的存储；以高频 RFID 开发板为阅读器，实现对公交卡的注册、充值、消费、注销和金额显示等功能。

【分析】

(1) 以 Mifare1 S50 卡作为公交卡，该卡内含 1 KB EEPROM、RF 接口和数字控制单元。其通信层(MifareRF 接口)符合 ISO/IEC 14443A 标准的第 2 和第 3 部分，其安全层支持域检验的 CRYPTO1 数据流加密。

(2) ATmega16L 为主控 MCU。

(3) RC522 为高频 RFID 读写芯片，该芯片运用了先进的调制和解调概念，完全集成了在 13.56 MHz 下所有类型的被动非接触式通信方式和协议，并支持 ISO14443A 的多层应用。

(4) 以 12864 为显示屏，对金额和状态进行显示。

(5) 三个检测按键分别对应注册、充值和注销。

(6) 每次检测到已注册的卡片，减 1 元钱。

(7) 每次充值 10 元。

【参考解决方案】

1．主程序编写

主程序 main()在文件 main.c 中，主要任务为初始化各部件和定时检测按键，并执行相应功能，其详细源码如下：

```
#include "include.h"/* 包含多个头文件*/

/* 原始密码 A,  原始密码 AB，新密码 A，新密码 AB*/
uchar    LastKeyA[6] = {0xFF,0xFF,0xFF,0xFF,0xFF,0xFF};

uchar    LastKey[16]  = {0xFF,0xFF,0xFF,0xFF,0xFF,0xFF,        /*密码 A*/
```

```
                        0xff,0x07,0x80,0x69,              /*默认访问控制位设置*/
                        0xFF,0xFF,0xFF,0xFF,0xFF,0xFF};  /*密码 B*/


    uchar   NewKeyA[6]  = {0x20,0x12,0x03,0x18,0xAB,0xCD};      /*密码 A*/


    uchar   NewKey[16]  = {0x20,0x12,0x03,0x18,0xAB,0xCD,  /*密码 A*/
                        0xff,0x07,0x80,0x69,                 /*默认访问控制位设置*/
                        0x20,0x12,0x03,0x18,0xAB,0xCD};      /*密码 B*/


    uchar   Read_Data[16] = {0x00};                         /*从 block 中读出数据的缓存*/
    uchar   Write_First_Data[16] = {0x00,0x00,0x00,0x00,    /*要写入的清零数据*/
                                0x00,0x00,0x00,0x00,
                                0x00,0x00,0x00,0x00,
                                0x00,0x00,0x00,0x00};


    uchar   TxBuffer[64];                   /*串口发送缓存  */
    uchar   TxLen;                          /*串口发送长度  */
    uchar   TxCounter;                      /*串口发送计数  */


    uchar   RevBuffer[30];                  /*卡片识别过程中的数据缓存*/
    uchar   MLastSelectedSnr[4];            /*卡号缓存*/


    uchar   volatile SysTime,Disptime;      /*系统定时变量，显示定时变量*/


    uchar   WriteData[16] = "0123456789ABCDEF";     /*要写入的数据(测试用)*/


    uchar   volatile button = 0;                    /*按键存储*/


    uchar   Warn = 0;                               /*错误报警音的触发变量*/
    uchar   Pass = 0;                               /*操作通过提示音的触发变量*/
    uchar   oprationcard = CONSUME;                 /*功能选择变量，初始化为"消费"*/


    uchar   __flash ASCII[]= "0123456789ABCDEF";    /*用于十六进制数转为 ASCII 码字符*/


    void    TIMER0_init();


/**声明 rc522.c 中的函数**/
extern unsigned char PcdReset(void);
extern unsigned char PcdRequest(unsigned char req_code,unsigned char *pTagType);
```

```c
extern void PcdAntennaOn(void);
extern void PcdAntennaOff(void);
extern unsigned char M500PcdConfigISOType(unsigned char type);
extern unsigned char PcdAnticoll(unsigned char *pSnr);
extern unsigned char PcdSelect(unsigned char *pSnr);
extern unsigned char PcdAuthState(unsigned char auth_mode,unsigned char addr,unsigned char
*pKey,unsigned char *pSnr);
extern unsigned char PcdWrite(unsigned char addr,unsigned char *pData);
extern unsigned char PcdRead(unsigned char addr,unsigned char *pData);
extern unsigned char PcdHalt(void);

void main(void)
{

    InitAll();              /*初始化所有功能模块*/
    Display_init();         /*液晶屏显示消费状态的内容(开机即是消费状态)*/
    /*判断上电(复位)时，是否按下第四个键(PD5 低电平)*/
    if(!(PIND & 0x20))
    {
        /*如果按下第四个键(PD5)上电，进入注销卡片功能*/
        oprationcard = KEYCARD;

        loc(2,0);
        LCD_display("--注销卡片！----");    /*第二行显示"注销卡片！"*/
        loc(3,0);
        LCD_display("蜂鸣一声表示成功");    /*第三行显示"蜂鸣一声表示成功！"*/
    }
    else
    {
        Pass = 1;                         /*蜂鸣器鸣叫一声*/
    }

    while(1)
    {

        /*按键 1 被按下，功能变量切换为"注册"，液晶屏显示"新卡注册！"*/
        if(button == 1)
        {
            button = 0;                   /*清零按键信息*/
```

```
        oprationcard = LOGIN;                    /*功能变量切换为"注册" LOGIN*/

        loc(2,0);
        LCD_display("                    ");
        loc(3,0);
        LCD_display("   新卡注册！      ");    /*第三行显示"新卡注册！"*/

        Pass = 1;                                /*蜂鸣器鸣叫一声*/
    }
    /*按键 2 被按下，功能变量切换为"充值"，液晶屏显示"充值：每次 10 元"*/
    else if(button == 2)
    {
        button = 0;                       /*清零按键信息*/
        oprationcard = ADDMONEY;          /*功能变量切换为"充值" ADDMONEY*/
        loc(2,0);
        LCD_display("                    ");
        loc(3,0);
        LCD_display("   充值：每次 10 元"); /*第三行显示"充值：每次 10 元！"*/

        Pass = 1;                                /*蜂鸣器鸣叫一声*/
    }

    /*如果 Warn 被置 1，清零 Warn，发出闪烁报警六次   Warnning();*/
    if(Warn)
    {
        Warn = 0;            /*  清零  Warn  */
        Warnning();          /*  发出声光报警六次   */
    }

    /*如果 Pass 被置 1，清零 Pass，声光提示一次 Passed();*/
    if(Pass)
    {
        Pass = 0;
        Passed();
    }

    /*每 50 ms 执行一次卡片操作函数*/
    if(SysTime >= 5)
```

```
    {
        SysTime = 0;            /*系统定时变量清零*/
        ctrlprocess();          /*执行一次卡片操作函数*/
    }

    /*每 1.5 s 执行一次显示返回函数(消费状态)*/
    if(Disptime >= 150)
    {
        Disptime = 0;
        if(oprationcard == CONSUME)
        {
            Display_init();/*液晶屏显示消费画面*/
        }
    }
}
}
```

2．卡片操作

在函数 ctrlprocess( )中，主要根据按键及定时情况来完成卡片各个功能，其详细源码如下：

```
/*卡片操作函数，主程序会每隔 50 ms 运行一次，功能详见函数内  */
void ctrlprocess(void)
{
    unsigned char   ii;                 /*临时计数变量*/
    unsigned char   status;             /*状态返回值  */
    unsigned int    temp = 0;           /*临时数据  */
    unsigned char   ge,shi,bai,qian;    /*用于显示个、十、百、千这 4 个数据  */
    /* 查寻天线区内未进入休眠状态的卡片，返回卡片类型  2 字节*/
    status = PcdRequest(PICC_REQIDL,&RevBuffer[0]);

    if(status != MI_OK)
    {
        return;/*如寻不到卡片，则跳出函数*/
    }

    /*寻找到正确卡片，执行防冲撞操作，返回卡片的序列号  4 字节*/
    status = PcdAnticoll(&RevBuffer[2]);

    if(status != MI_OK)
```

```
    {
            return;/*如操作错误，则跳出函数*/
    }


    /*操作正确，将卡号存入 MLastSelectedSnr 中*/
    memcpy(MLastSelectedSnr,&RevBuffer[2],4);


    /*然后选择此张卡片*/
    status = PcdSelect(MLastSelectedSnr);


    if(status != MI_OK)
    {
            return;/*如操作错误，则跳出函数*/
    }


    /******此时已选卡完毕，并与选择的卡片建立了通信联系******/
    /******下面根据 oprationcard 的不同值，对卡片进行不同的操作******/
    /******修改密码、读卡、写卡、串口发送卡号、关闭卡片(休眠)等******/
    /*----------------------(1)新卡注册操作-------------------------*/
    /*注册卡片，修改密码为新密码 NewKey，Block 4 数据清零*/
    if(oprationcard == LOGIN)
    {
            oprationcard = CONSUME;   /*功能变量切换为消费状态*/

            /*验证 block 7(扇区 2 的 block 3)的旧密码 A   LastKeyA*/
            status = PcdAuthState(PICC_AUTHENT1A,7,LastKeyA,MLastSelectedSnr);

            /*如果不成功，液晶屏第三行显示"注册失败！" 函数退出，报警*/
            if(status != MI_OK)
            {
                    Warn = 1;
                    loc(3,0);
                    LCD_display("   注册失败！        ");
                    Disptime = 0;   /*显示计数清零*/
                    return;
            }

            /*向 block 7(扇区 2 的 block3)中写入新密码 NewKey(总 block 地址是 7)*/
            status = PcdWrite(7,NewKey);
```

/*如果不成功，液晶屏第三行显示 "注册失败！" 函数退出，报警*/
if(status != MI_OK)

{

  Warn = 1;

  loc(3,0);

  LCD_display("　注册失败！　　　");

  Disptime = 0;　/*显示计数清零*/

  return;

}

/*向 block 4(扇区 2 的 block0)中写入 16 字节新数据 Write_First_Data*/
status = PcdWrite(4, Write_First_Data);

/*如果不成功，液晶屏第三行显示 "注册失败！" 函数退出，报警*/
if(status != MI_OK)

{

  Warn = 1;

  loc(3,0);

  LCD_display("　注册失败！　　　");

  Disptime = 0;

  return;

}

/*以上全部成功，液晶屏第三行显示 "注册成功！"*/
loc(3,0);

LCD_display("　注册成功！　　　");

/*拷贝确认信息字符到 TxBuffer 中*/
memcpy(TxBuffer, "卡号：--------　新卡注册成功！\r\n", 32);

/*拷贝卡号信息到 TxBuffer 中*/
for(ii = 0;ii < 4; ii++)

{

  /*一个字节被转换为 ASCII 两个字符*/

  TxBuffer[ii * 2 + 6] = ASCII[MLastSelectedSnr[ii] >> 4];

  TxBuffer[ii * 2 + 7] = ASCII[MLastSelectedSnr[ii] & 0xF];

}

/*串口发送卡号和确认信息*/
TxLen = 32;

```
    UDR    = TxBuffer[0];    /*发出一个字节，剩下的交给中断完成*/


    Disptime = 0;             /*显示计数清零*/


    Pass = 1;                 /*触发通过提示音*/
    PcdHalt();                /*令卡片进入休眠状态，防止被重复操作*/
}


/*----------------------(2)已注册卡的充值操作-------------------------*/

/*验证卡片新密码，NewKey，读出 Block 4 数据*/
/*前两个字节作为消费金额，加 10 后写回去*/
else if(oprationcard == ADDMONEY)
{
    oprationcard = CONSUME;       /*功能变量切换为消费状态*/

    /*验证 block 4(扇区 2 的 block0)的新密码 A   NewKeyA*/
    status = PcdAuthState(PICC_AUTHENT1A, 4, NewKeyA, MLastSelectedSnr);

    /*如果不成功，函数退出，报警*/
    if(status != MI_OK)
    {
        Warn = 1;
        return;
    }


    /*读出 block 4(扇区 2 的 block0) 16 字节数据到 Read_Data 中*/
    status=PcdRead(4, Read_Data);

    /*如果不成功，函数退出，报警*/
    if(status != MI_OK)
    {
        Warn = 1;
        return;
    }


    /*将前两个字节合并成一个金额数值 temp*/
    temp    = (unsigned int)Read_Data[1];
    temp    =    temp << 8;
```

```
temp |= (unsigned int)Read_Data[0];

/*余额加 10(充值 10 元)*/
temp    = temp + 10;

/*将金额数值 temp 拆分成两个字节写回去*/
Read_Data[1] = (unsigned char)(temp    >>    8  );
Read_Data[0] = (unsigned char)(temp    & 0x00FF);

/*向 block 4(扇区 2 的 block0)中写入充值后的数据 Read_Data*/
status = PcdWrite(4, Read_Data);

/*如果不成功, 函数退出, 报警*/
if(status != MI_OK)
{
        Warn = 1;
        return;
}

/*将金额数值拆分为四个单独的十进制位并转换成 ASCII 字符存到四个变量中*/
qian = ASCII[temp % 10000 / 1000];        /*千位*/
bai  = ASCII[temp % 1000 / 100];          /*百位*/
shi  = ASCII[temp % 100 / 10];            /*十位*/
ge   = ASCII[temp % 10];                  /*个位*/

/*液晶屏显示余额*/
loc(3,0);
LCD_display("余额:        元        ");
loc(3,3);
wr_data(qian );
wr_data( bai );
wr_data( shi );
wr_data( ge   );

/*拷贝确认信息字符到 TxBuffer 中*/
memcpy(TxBuffer, "卡号: --------    充值 10 元    余额----元\r\n", 38);

/*拷贝卡号信息到 TxBuffer 中*/
for(ii = 0;ii < 4; ii++)
```

```
    {
        /*一个字节被转换为 ASCII 两个字符*/
        TxBuffer[ii * 2 + 6] = ASCII[MLastSelectedSnr[ii] >>   4];
        TxBuffer[ii * 2 + 7] = ASCII[MLastSelectedSnr[ii] & 0xF];
    }


    /*将余额信息放入 TxBuffer 中*/
    TxBuffer[30] = qian;
    TxBuffer[31] = bai;
    TxBuffer[32] = shi;
    TxBuffer[33] = ge;


    /*串口发送卡号和余额确认信息*/
    TxLen = 38;
    UDR    = TxBuffer[0];    /*发出一个字节，剩下的交给中断完成*/


    Pass = 1;          /*触发通过提示音*/
    Disptime = 0;     /*显示计数清零*/
    PcdHalt();         /*令卡片进入休眠状态，防止被重复操作*/

}


/*--------------------(3)已充值卡的消费扣款功能-----------------------*/


/*验证卡片新密码 NewKey，读出 Block 4 数据*/
/*前两个字节作为消费金额，如果大于零，减 1 后写回去，否则报警*/
else if(oprationcard == CONSUME)
{

    /*验证 block 4(扇区 2 的 block0)的新密码 A NewKeyA*/
    status = PcdAuthState(PICC_AUTHENT1A, 4, NewKeyA, MLastSelectedSnr);

    /*如果不成功，函数退出，报警*/
    if(status != MI_OK)
    {
        Warn = 1;
        return;
    }


    /*读出 block 4(扇区 2 的 block0)16 字节数据到 Read_Data 中*/
```

```
status=PcdRead(4, Read_Data);

/*如果不成功, 函数退出, 报警*/
if(status != MI_OK)
{
    Warn = 1;
    return;
}

/*将前两个字节合并成一个金额数值 temp*/
temp    = (unsigned int)Read_Data[1];
temp    =   temp << 8;
temp |= (unsigned int)Read_Data[0];

/*余额大于零, 扣款 1 元*/
if(temp > 0)
{
    temp    = temp - 1;/*扣款 1 元*/

    /*将金额数值 temp 拆分成两个字节写回去*/
    Read_Data[1] = (unsigned char)(temp    >>    8 );
    Read_Data[0] = (unsigned char)(temp    & 0x00FF);

    /*向 block 4(扇区 2 的 block0)中写入扣款后的数据 Read_Data*/
    status = PcdWrite(4,Read_Data);

    /*如果不成功, 函数退出, 报警*/
    if(status != MI_OK)
    {
        Warn = 1;
        return;
    }
}
else    /*如果余额不足, 报警, 则退出函数, 液晶屏显示"余额不足请充值! "*/
{
    Warn = 1;
    loc(3,0);
    PcdHalt();              /*令卡片进入休眠状态, 防止被重复操作*/
    LCD_display("余额不足请充值! ");
```

```
            Disptime = 0;

            return;

    }


    /*将金额数值拆分为四个单独的十进制位并转换成 ASCII 字符存到四个变量中*/
    qian = ASCII[temp % 10000 / 1000];          /*千位*/
    bai = ASCII[temp % 1000 / 100];             /*百位*/
    shi = ASCII[temp % 100 / 10];               /*十位*/
    ge = ASCII[temp % 10];                      /*个位*/


    /*液晶屏显示余额*/
    loc(3,0);
    LCD_display("余额：      元      ");
    loc(3,3);
    wr_data(qian );
    wr_data( bai );
    wr_data( shi );
    wr_data( ge   );


    /*拷贝确认信息字符到 TxBuffer 中*/
    memcpy(TxBuffer, "卡号：--------   消费 1 元   余额----元\r\n", 40);


    /*拷贝卡号信息到 TxBuffer 中*/
    for(ii = 0;ii < 4; ii++)
    {
        /*一个字节转换为 ASCII 两个字符*/
        TxBuffer[ii * 2 + 6] = ASCII[MLastSelectedSnr[ii] >>  4];
        TxBuffer[ii * 2 + 7] = ASCII[MLastSelectedSnr[ii] & 0xF];
    }


    /*将余额信息放入 TxBuffer 中*/
    TxBuffer[30] = qian;
    TxBuffer[31] = bai;
    TxBuffer[32] = shi;
    TxBuffer[33] = ge;


    /*串口发送卡号和余额确认信息*/
    TxLen = 40;
    UDR    = TxBuffer[0];        /*发出一个字节, 剩下的交给中断完成*/
```

```
        Pass = 1;                    /*触发通过提示音*/
        Disptime = 0;                /*显示计数清零*/
        PcdHalt();                   /*令卡片进入休眠状态，防止被重复操作*/
    }


    /*--------------------(4)已注册卡的注销功能-----------------------*/
    if(oprationcard == KEYCARD)
    {
        /*验证 block 4(扇区 2 的 block0)的新密码 A NewKeyA*/
        status = PcdAuthState(PICC_AUTHENT1A,7,NewKeyA,MLastSelectedSnr);

        /*如果不成功，函数退出，报警*/
        if(status != MI_OK)
        {
            Warn = 1;
            return;
        }


        /*向 block 7(扇区 2 的 block4)中写入 16 字节原始数据 LastKey*/
        status = PcdWrite(7,LastKey);

        /*如果不成功，函数退出，报警*/
        if(status != MI_OK)
        {
            Warn = 1;
            return;
        }


        /*向 block 4(扇区 2 的 block0)中写入 16 字节原始数据 0x0*/
        status = PcdWrite(4,Write_First_Data);

        /*如果不成功，函数退出，报警*/
        if(status != MI_OK)
        {
            Warn = 1;
            return;
        }
```

```
        Pass = 1;                   /*触发通过提示音*/
        PcdHalt();                  /*令卡片进入休眠状态，防止被重复操作*/
    }

}
```

3．中断函数

本例中，定时器和一个按键需要采用中断方式工作，其相关源码如下：

```
/*定时器 0 溢出中断服务函数*/
#pragma vector = TIMER0_OVF_vect
__interrupt    void TIMER0_OVF_Server(void)
{
    /* 定时器 0 重新装入预设值 */
    TCNT0 = 256 - 72;

    /*每次溢出后给两个计时变量加 1*/
    SysTime++;
    Disptime++;
}


/*外部中断 0 中断服务函数，按键 1*/
#pragma vector = INT0_vect
__interrupt void INT0_Server(void)
{
    button = 1;                     /*按键 1 被按下，按键状态置为 1*/
}


/*外部中断 0 中断服务函数，按键 1*/
#pragma vector = INT1_vect
__interrupt void INT1_Server(void)
{
    button = 2;                     /*按键 2 被按下，按键状态置为 2*/
}


/*串口发送中断服务函数*/
#pragma vector = USART_TXC_vect
__interrupt void Usart_TX(void)
{
    TxCounter ++;           /*发送计数器加 1*/
    if(TxCounter < TxLen)   /*未发送完，继续发送*/
    {
        UDR = TxBuffer[TxCounter];
```

```
    }
    else                         /*发送完后清零计数器和发送长度*/
    {
        TxCounter = 0;
        TxLen = 0;
    }
}
```

4．其他初始化和功能函数

本例中，除了上述重要的函数外，还有其他初始化函数和一些简单的功能函数，如蜂鸣器驱动等，其详细源码如下：

```
void InitAll(void)
{
    InitPort();
    InitRc522();
    INT_Init();
    TIMER0_init();
    LCD_init();
    init_USART();
}


/*初始化所有相关管脚*/
void InitPort(void)
{
    DDRD   |= (1<<PD7);                  /*蜂鸣器所在位置  PD7*/
    PORTD |= (1<<PD7);                   /*初始化为高电平(不响)*/


    DDRC   |= (1<<PC7);                  /* LED 所在位置    PC7*/
    PORTC |= (1<<PC7);                   /*初始化为高电平(熄灭)*/
    /*初始化 SPI 通信端口以及所在管脚*/
    /*PB3,PB4,PB5,PB7 分别为：H-RST, CSS, MOSI, SCK  均设置为输出*/
    DDRB   |= (1<<PB3)|(1<<PB4)|(1<<PB5)|(1<<PB7);
    /*PB6 为 MISO 设置为输入*/
    DDRB   &= ~(1<<PB6);
    /*使能 SPI 主机模式，设置时钟速率为 fck/4*/
    SPCR   = (1<<SPE)|(1<<MSTR);
}


void INT_Init(void)
{
    MCUCR |= (1 << ISC01) | (1 << ISC11);      /*设置外部中断为低电平中断*/
```

```
    GICR  |= (1 << INT0) | (1 << INT1);        /*开启外部中断 0、1，对应按键 1、2*/
    SREG  |= (1 << 7);                         /*开启总中断*/

    /* 外部中断 0，即按键 1 所在管脚 PD2*/
    DDRD  |=  (1 << PD2);                       /* PD2 置为输出*/
    PORTD |=  (1 << PD2);                       /* PD2 置为高电平 1*/
    DDRD  &= ~(1 << PD2);                       /* PD2 置为输入*/

    /* 外部中断 1，即按键 2 所在管脚 PD3*/
    DDRD  |=  (1 << PD3);                       /* PD3 置为输出*/
    PORTD |=  (1 << PD3);                       /* PD3 置为高电平 1*/
    DDRD  &= ~(1 << PD3);                       /* PD3 置为输入*/

    /* 管脚 PD5*/
    DDRD  |=  (1 << PD5);                       /* PD3 置为输出*/
    PORTD |=  (1 << PD5);                       /* PD3 置为高电平 1*/
    DDRD  &= ~(1 << PD5);                       /* PD3 置为输入*/

}


void InitRc522(void)
{
    PcdReset();                                 /*读写模块复位初始化*/
    PcdAntennaOff();                            /*关闭天线*/
    PcdAntennaOn();                             /*开启天线*/
    M500PcdConfigISOType( 'A' );                /*设置为 ISO 14443A 模式*/
}


void init_USART(void)/*USART 初始化*/
{
    /*设置串口波特率*/
    UBRRL= (CPU_F/BAUDRATE/16-1)/256;
    UBRRH= (CPU_F/BAUDRATE/16-1)/256;

    UCSRA = 0x00;
    UCSRB = (1<<RXCIE)|(1<<TXCIE)|(1<<RXEN)|(1<<TXEN);
    /*使能收发中断，使能接收功能，使能发送功能*/
}

/*显示屏初始化显示(消费) */
```

```c
void Display_init(void)
{
    loc(1,0);
    LCD_display("【公交收费系统】");
    loc(2,0);
    LCD_display("              ");
    loc(3,0);
    LCD_display("  消费：每次 1 元");
    loc(4,0);
    LCD_display("----请刷卡------");
}


/*错误报警提示函数 */
void Warnning(void)
{
    uchar   ii;
    for(ii = 0;ii < 6; ii++)        /*以下过程循环六次"滴 滴 滴 滴 滴 滴"六个短声*/
    {
        SET_BEEP;        /*蜂鸣器响*/
        SET_LED;         /*点亮 LED*/
        delay_ms(40);    /*延时 40 ms*/

        CLR_BEEP;        /*关闭蜂鸣器*/
        CLR_LED;         /*熄灭 LED*/
        delay_ms(80);    /*延时 80 ms*/
    }
}


/*操作通过提示函数："滴——"一长声 */
void Passed(void)
{
    SET_BEEP;            /*蜂鸣器响*/
    SET_LED;             /*点亮 LED*/
    delay_ms(100);       /*延时 100 ms*/
    CLR_BEEP;            /*关闭蜂鸣器*/
    CLR_LED;             /*熄灭 LED*/
}

/* 定时器 0 作为系统调度定时器 */
```

```
void TIMER0_init()
{
    /* 系统时钟 1024 分频作为计数源 */
    TCCR0 |= (1 << CS02) + (1 << CS00);

    /* 使能定时器 0 溢出中断功能 */
    TIMSK |= (1 << TOIE0);

    /* 定时器 0 装入预设值：72(72/7372800*1024 = 10 ms) */
    TCNT0    = 256 - 72;

    /* 开启总中断 */
    SREG |= (1 << 7);
}
```

5．运行结果

将程序下载至高频 RFID 阅读器的开发板中，运行程序后显示消费界面，如图 S4-1
所示。

如果此时有注册过的卡进入阅读器天线范围内，则会自动扣款 1 元，并显示余额，如
图 S4-2 所示。

图 S4-1　消费界面

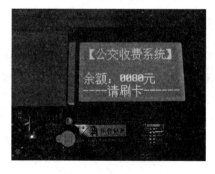

图 S4-2　余额界面

如果按下按键 1，则会出现新卡注册界面，如图 S4-3 所示。
如果按下按键 2 则为充值功能，界面如图 S4-4 所示。

图 S4-3　新卡注册界面

图 S4-4　充值界面

实践 5　超高频 RFID 阅读器应用

 实践指导

➢ **实践 5.G.1**

超高频 RFID 读写器配置实例。

【**分析**】

(1) 超高频 RFID 读写器需要用专用软件配置。

(2) 超高频 RFID 读写器通信接口为 RS-232。

(3) 读写器支持 ISO 18000-6B 和 ISO 18000-6C 两种协议。

【**参考解决方案**】

1. 设置串口

超高频 RFID 读写器通信接口为 RS-232，根据 PC 机上端口情况配置，如图 S5-1 所示。

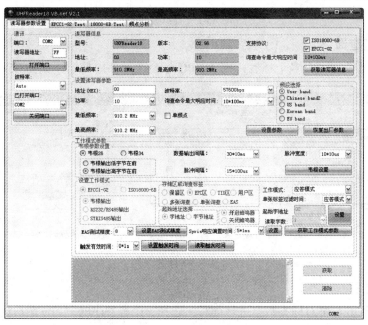

图 S5-1　串口配置

➤ 实践 5.G.2

超高频标签读写测试。

【分析】

(1) 超高频可同时查询多个超高频标签。
(2) 可分区读取超高频标签的内部数据。
(3) 通过写数据可更改用户区内容

【参考解决方案】

1. 查询标签

对超高频标签操作前要先查询标签。点击"查询标签"按键，如图 S5-2 所示，在阅读器范围内的标签会显示在软件上，并统计查询的次数。

图 S5-2　查询标签

2. 多标签查询

如果阅读器范围内有多个标签，则其 EPC 号会在软件内显示，如图 S5-3 所示。

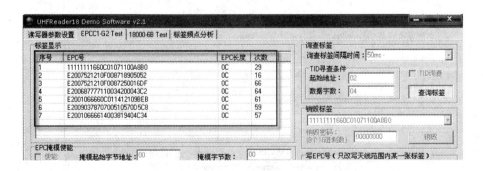

图 S5-3　多标签查询

3. 读取数据

在读写数据区，可对标签数据进行读写。选择一个标签(EPC 号)，然后选择"保留区"并点击"读"按钮，如图 S5-4 所示，读取的数据会显示在右侧对话框中。

图 S5-4　保留区数据

　　也可选择一个标签(EPC 号)，然后选择"EPC 区"并点击"读"按钮，如图 S5-5 所示，读取的数据会显示在右侧对话框中。

图 S5-5　EPC 区数据

　　也可选择一个标签(EPC 号)，然后选择"TID 区"并点击"读"按钮，如图 S5-6 所示，读取的数据会显示在右侧对话框中。

图 S5-6　TID 区数据

　　还可选择一个标签(EPC 号)，然后选择"用户区"并点击"读"按钮，如图 S5-7 所示，读取的数据会显示在右侧对话框中。

图 S5-7　用户区数据

4. 写数据

要写入数据，需要在"写数据"对话框中填入所写的数据(十六进制)，然后点击"写"按钮。如果写入成功，则会显示"数据完全写入成功"，如图 S5-8 所示。

图 S5-8　写标签

写入后，可进行"读"操作进行验证数据是否已写入标签，如图 S5-9 所示。

图 S5-9　读标签

➤ 实践 5.G.3

超高频 RFID 读写器的通信协议。

【分析】

(1) 超高频 RFID 读写器需要通过 RS-232 或 RS-485 进行通信。

(2) 在超高频 RFID 阅读器的通信协议中包括 ISO 18000-6B/C 及自定义命令。

(3) 如果读写标签有错误，将返回相应错误代码。

【参考解决方案】

1. 通信接口规格

读写器通过 RS-232 或者 RS-485 接口与上位机串行通信，按上位机的命令要求完成相应操作。串行通信接口的数据帧为 1 个起始位，8 个数据位，1 个停止位，无奇偶校验位，缺省波特率 57600。在串行通信过程中，每个字节的最低有效位最先传输。

2. 协议描述

通信过程由上位机发送命令及参数给读写器，然后读写器将命令执行结果状态和数据返回给上位机。读写器接收一条命令执行一条命令，只有在读写器执行完一条命令后，才能接收下一条命令。在读写器执行命令期间，如果向读写器发送命令，命令将丢失。上位机发送过程如表 S5-1 所示。

表 S5-1　发送过程

上位机	数据传递方向	读写器
命令数据块	→	

上位机发送的数据流中，每两个相邻字节之间的发送时间间隔必须小于 15 ms。在上位机的命令数据流发送过程中，如果相邻字符间隔大于 15 ms，则之前接收到的数据均被当作无效数据丢弃，然后从下一个字节开始，重新接收。

读写器接收到正确命令后，在不超过询查时间的范围内 (不包括数据发送过程，仅仅是读写器执行命令的时间)，会返回给读写器一个响应。读写器响应过程如表 S5-2 所示。

表 S5-2　响应过程

读写器	数据传递方向	上位机
响应数据块	→	

读写器发送响应数据期间，相邻字节之间的发送时间间隔小于 15 ms。

由上述内容可知，完整的一次通讯过程如下：

◇ 上位机发送命令给读写器，并等待读写器返回响应。

◇ 读写器接收命令后，开始执行命令，然后返回响应；之后上位机接收读写器的响应。

◇ 一次通讯结束。

3. 数据的格式

上位机命令帧格式如表 S5-3 所示。

表 S5-3　命令帧格式

Len	Adr	Cmd	Data[]	LSB-CRC16	MSB-CRC16

命令帧各部分说明如表 S5-4 所示。

表 S5-4　命令帧说明

名称	长度(字节)	说　　明
Len	1	命令数据块的长度,但不包括 Len 本身。即数据块的长度等于 4 加 Data[] 的长度。Len 允许的最大值为 96，最小值为 4
Adr	1	读写器地址。地址范围：0x00～0xFE，0xFF 为广播地址，读写器只响应和自身地址相同及地址为 0xFF 的命令。读写器出厂时地址为 0x00
Cmd	1	命令代码
Data[]	不定	参数域在实际命令中，可以不存在
LSB-CRC16	1	CRC16 低字节。CRC16 是从 Len 到 Data[]的 CRC16 值
MSB-CRC16	1	CRC16 高字节

读写器响应数据块帧格式如表 S5-5 所示。

表 S5-5　响应帧格式

Len	Adr	reCmd	Status	Data[]	LSB-CRC16	MSB-CRC16

响应帧各部分说明如表 S5-6 所示。

表 S5-6　响应帧说明

名称	长度(字节)	说　明
Len	1	响应数据块的长度,但不包括 Len 本身。即数据块的长度等于 5 加 Data[]的长度
Adr	1	读写器地址
reCmd	1	指示该响应数据块是哪个命令的应答。如果是对不可识别命令的应答,则 reCmd 为 0x00
Status	1	命令执行结果状态值
Data[]	不定	数据域,可以不存在
LSB-CRC16	1	CRC16 低字节。CRC16 是从 Len 到 Data[]的 CRC16 值
MSB-CRC16	1	CRC16 高字节

4. 操作命令总汇

1) EPC C1 G2(ISO/IEC 18000-6C)命令

EPC C1 G2 命令如表 S5-7 所示。

表 S5-7　EPC C1 G2 命令

序号	命令	功　能
1	0x01	询查标签
2	0x02	读数据
3	0x03	写数据
4	0x04	写 EPC 号
5	0x05	销毁标签
6	0x06	设定存储区读写保护状态
7	0x07	块擦除
8	0x08	根据 EPC 号设定读保护设置
9	0x09	不需要 EPC 号读保护设定
10	0x0a	解锁读保护
11	0x0b	测试标签是否被设置读保护
12	0x0c	EAS 报警设置
13	0x0d	EAS 报警探测
14	0x0e	user 区块锁
15	0x0f	询查单标签
16	0x10	块写

2) ISO/IEC 18000-6B 命令

ISO/IEC 18000-6B 命令如表 S5-8 所示。

表 S5-8　ISO/IEC 18000-6B 命令

序号	命令	功　　能
1	0x50	询查命令(单张)。这个命令每次只能询查一张电子标签，且不带条件询查
2	0x51	条件询查命令(多张)。这个命令根据给定的条件进行标签的询查操作，返回符合条件的电子标签的 UID，可以同时询查多张电子标签
3	0x52	读数据命令。这个命令读取电子标签的数据，一次最多可以读 32 个字节
4	0x53	写数据命令。写入数据到电子标签中，一次最多可以写 32 个字节
5	0x54	检测锁定命令。检测某个存储单元是否已经被锁定
6	0x55	锁定命令。锁定某个尚未被锁定的电子标签

3) 阅读器自定义命令

阅读器自定义命令如表 S5-9 所示。

表 S5-9　阅读器自定义命令

序号	命令	功　　能
1	0x21	读取读写器信息
2	0x22	设置读写器工作频率
3	0x24	设置读写器地址
4	0x25	设置读写器询查时间
5	0x28	设置读写器的波特率
6	0x2F	调整读写器输出功率
7	0x33	声光控制命令
8	0x34	韦根参数设置命令
9	0x35	工作模式设置命令
10	0x36	读取工作模式参数命令
11	0x37	EAS 测试精度设置命令
12	0x38	设置 Syris485 响应偏位时间
13	0x3b	设置触发有效时间

5. 命令执行结果状态值

每个命令都有响应的数据帧，其包含了执行结果和相应的状态，如表 S5-10 所示。

表 S5-10　执行结果状态值

响应数据块						Status 含义	说　明
Len	Adr	reCmd	Status	Data[]	CRC16		
5+Data[]部分的长度	0xXX	0xXX	0x00	…	有	操作成功	当成功执行命令后返回给上位机的状态值。Data[]包含了所要信息
5+Data[]部分的长度	0xXX	0x01	0x01	…	有	询查时间结束前返回	上位机发出询查 G2 标签命令和读写器询查电子标签时，如果在设定的询查时间内返回信息给上位机，则返回此状态值
5+Data[]部分的长度	0xXX	0x01	0x02	…	有	指定的询查时间溢出	上位机发出询查 G2 标签命令和询查时间溢出时，而读写器还没有完成询查操作，则返回给上位机状态值
5+Data[]部分的长度	0xXX	0x01	0x03	…	有	本条消息之后，还有消息	上位机发出询查 G2 标签命令时，如果询查命令读到的标签数量无法在一条消息内传送完，则将分多次发送
5+Data[]部分的长度	0xXX	0x01	0x04	…	有	读写器存储空间已满	上位机发出询查 G2 标签命令时，如果询查到的电子标签太多，超过了读写器的存储容量，则读写器返回读到的电子标签 EPC 号，同时，也将返回此状态值
5	0xXX	0xXX	0x05	无	有	访问密码错误	当读写器执行需要密码才能执行的操作时，而命令中给出的是错误密码，则返回给上位机状态值
5	0xXX	0x05	0x09	无	有	销毁标签失败	当向 G2 标签进行销毁操作时，如果销毁密码错误，或是读写器与标签通讯不畅，则将返回此状态值
5	0xXX	0x05	0x0a	无	有	销毁密码不能为全 0	销毁标签时，销毁密码为 0 的标签是无法销毁的

续表一

响应数据块						Status 含义	说　明
Len	Adr	reCmd	Status	Data[]	CRC16		
5	0xXX	0xXX	0x0b	无	有	电子标签不支持该命令	对于 G2 协议中的某些可选命令及一些厂商的特定命令，某些标签可能不支持，此时返回此状态值
5	0xXX	0xXX	0x0c	无	有	对该命令访问密码不能为全 0	对 NXP UCODE EPC G2X 标签设置读保护及设置 EAS 报警时，访问密码不能为全 0，若为全 0，将返回此状态值
5	0xXX	0x0a	0x0d	无	有	电子标签已经被设置了读保护，不能再次设置	对已经被设置了读保护的 NXP UCODE EPC G2X 标签，在解除读保护之前，不能再次设置。此情况下返回这个状态值
5	0xXX	0x0a	0x0e	无	有	电子标签没有被设置读保护，不需要解锁	对 NXP UCODE EPC G2X 标签解锁，如果标签没有被锁定，将返回此状态值；对不支持读保护设定命令的标签发送此命令，也将返回此状态值
5	0xXX	0x53	0x10	无	有	有字节空间被锁定，写入失败	在向 6B 标签写入数据时，因为有字节空间被锁定，使得写入数据失败，则返回此状态值
5	0xXX	0x55	0x11	无	有	不能锁定	当 6B 标签出现不能被锁定的情况时，返回此状态值
5	0xXX	0x55	0x12	无	有	已经锁定，不能再次锁定	对已经锁定的 6B 标签进行再次锁定时，返回此状态值
5	0xXX	0xXX	0x13	无	有	参数保存失败，但设置的值在读写器断电前有效	对于某些需要保存的参数，如果保存失败，则返回此状态值

响应数据块						Status 含义	说 明
Len	Adr	reCmd	Status	Data[]	CRC16		
5	0xXX	0xXX	0x14	无	有	无法调整	调整功率的时候，在某些情况下，如果出现功率无法调整的错误，则返回此状态值
5+Data[]的长度	0xXX	0x51	0X15	…	有	询查时间结束前返回	当上位机发出询查 6B 标签命令，且读写器询查电子标签时，如果在设定的询查时间内返回信息给上位机，则返回此状态值
5+Data[]的长度	0xXX	0x51	0x16	…	有	指定的询查时间溢出	当上位机发出询查 6B 标签命令，且询查时间溢出时，而读写器还没有完成询查操作，则返回给上位机状态值
5+Data[]的长度	0xXX	0x51	0x17	…	有	本条消息之后，还有消息	上位机发出询查 6B 标签命令时，如果询查命令读到的标签数量无法在一条消息内传送完，则将分多次发送
5+Data[]的长度	0xXX	0x51	0x18	…	有	读写器存储空间已满	上位机发出询查 6B 标签命令时，如果询查到的电子标签太多，超过了读写器的存储容量，则读写器返回读到的电子标签 UID 号，同时，也将返回此状态值
5	0xXX	0xXX	0x19	无	有	电子标签不支持该命令或者访问密码不能为0	当设置电子标签的 EAS 报警时，在通信正常的情况下，如果标签无法设置，则可能是电子标签不支持该命令，也可能是电子标签的访问密码不能为 0
5	0xXX	0xXX	0xF9	无	有	命令执行出错	命令执行出错
5	0xXX	0xXX	0xFA	无	有	有电子标签，但通信不畅，操作失败	当检测到有效范围内存在可操作的电子标签，但读写器与电子标签之间的通信质量不好而无法完成整个通信过程时，则返回给上位机信息

续表三

响应数据块						Status 含义	说　　明
Len	Adr	reCmd	Status	Data[]	CRC16		
5	0xXX	0xXX	0xFB	无	有	无电子标签可操作	当读写器对电子标签进行操作，且有效范围内没有可操作的电子标签时，返回给上位机状态值
6	0xXX	0xXX	0xFC	Errer code	有	电子标签返回错误代码	电子标签返回错误代码时，错误代码由 Err_code 返回给上位机
5	0xXX	0xXX	0xFD	无	有	命令长度错误	当上位机输入命令的实际长度和它应当具有的长度不同时，返回该状态
5	0xXX	0x00	0xFE	无	有	不合法的命令	当上位机输入的命令是不可识别的命令时，如不存在的命令、或是 CRC 错误的命令
5	0xXX	0xXX	0xFF	无	有	参数错误	上位机发送的命令中的参数不符合要求时，返回此状态

6. 电子标签返回错误代码

EPC C1 G2(ISO18000-6C)电子标签的错误代码如表 S5-11 所示。

表 S5-11　错误代码

错误代码支持	错误代码	错误代码名称	错误描述
特定错误代码	0x00	其他错误	全部捕捉未被其他代码覆盖的错误
	0x03	存储器超限或不被支持的 PC 值	存储位置不存在或标签不支持的 PC 值
	0x04	存储器锁定	存储位置锁定或永久锁定，且不可写入
	0x0b	电源不足	标签电源不足，无法执行存储写入操作
非特定错误代码	0x0f	非特定错误	标签不支持特定错误代码

➢ **实践 5.G.4**

编写 CRC-16 校验码计算子程序。

【分析】

(1) CRC 是常用的校验方式。

(2) 在超高频 RFID 阅读器的通信协议中，每条指令后都要进行 CRC-16 计算。

【参考解决方案】

编写 RCR-16 校验码计算子函数，详细源码如下：

```
#define PRESET_VALUE 0xFFFF
#define POLYNOMIAL   0x8408
unsigned int uiCrc16Cal(unsigned char const    * pucY, unsigned char ucX)
{
    unsigned char ucI,ucJ;
    unsigned short int    uiCrcValue = PRESET_VALUE;

    for(ucI = 0; ucI < ucX; ucI++)
    {
        uiCrcValue = uiCrcValue ^ *(pucY + ucI);
        for(ucJ = 0; ucJ < 8; ucJ++)
        {
            if(uiCrcValue & 0x0001)
            {
                uiCrcValue = (uiCrcValue >> 1) ^ POLYNOMIAL;
            }
            else
            {
                uiCrcValue = (uiCrcValue >> 1);
            }
        }
    }
    return uiCrcValue;
}
```

pucY 是计算 CRC16 字符数组的入口，ucX 是字符数组中的字符个数。

上位机收到数据的时候，只要把收到的数据按以上算法进行计算 CRC16，结果为 0x0000，则表明数据正确。